SELF
IMPROVEMENT

自我升华
走向成功的身心必修课

[美] 约翰·托德 著
John Todd

赵越 译

山东人民出版社

全国百佳图书出版单位 一级出版社

图书在版编目（CIP）数据

自我升华／（美）托德著；赵越译. —济南：山东人民出版社，2013.7（2023.4重印）
ISBN 978-7-209-07309-7

Ⅰ．①自… Ⅱ．①托… ②赵… Ⅲ．①个人－修养－通俗读物 Ⅳ．①B825-49

中国版本图书馆CIP数据核字（2013）第169817号

责任编辑：刘　晨
封面设计：Lily studio

自我升华

（美）约翰·托德 著　　赵　越 译

主管部门　山东出版传媒股份有限公司
出版发行　山东人民出版社
社　　址　济南市舜耕路517号
邮　　编　250003
电　　话　总编室（0531）82098914
　　　　　市场部（0531）82098027
网　　址　http://www.sd-book.com.cn
印　　装　三河市华东印刷有限公司
经　　销　新华书店

规　　格　32开（145mm×210mm）
印　　张　5.75
字　　数　78千字
版　　次　2013年9月第1版
印　　次　2023年4月第2次
ISBN 978-7-209-07309-7
定　　价　42.00元
　　　　　如有印装质量问题，请与出版社总编室联系调换。

目 录
Contents

第一章

学习的结果和优势

人类的大脑可以充分展现出我们在获取知识和技巧方面的超凡魅力。它被创造出来并存在于这个世界上，可以使我们在接受教育之后迅速提高到一个更高的生活状态。在这里，我们把天赋和能力扩展开来分别阐述。训练大脑的主要目的应该是使你的心灵出色地完成她的任务。

此时此地，有一位叫费格森的青年男子。他能够在牧场里放羊，也能够根据一点线索准确地标记出星星的位置，还能够用他的小刀在木头上刻出手表，但这样主动找事做的例子比较罕见。绝大多数人需要在别人的鼓励之下才能继续前进，需要借助别人的讲授指导才能进步，需要通过别人的指示、说明来引导他们成长。

可能人世间仅有少数人曾经完成过他们的梦想，或者是曾经完成过他们应该完成的任务。其中的一个主要原因就是——这些人把大量的时间都投入到他们获取自己所需要的经验之上了。正如我们回顾曾经的学生时代的美好时光一样，我们可以发现在这儿曾经走过弯路，在那儿曾经犯过错，在这里曾失去了一个大好机会，在那里曾经养成了一个不良习惯，或是接受过一个错误的偏袒。有时，我们感叹时光不可重来，无法在借鉴我们现有经验之下重新开始我们之前的生活。

毋庸置疑，大多数人经常处于被教育的状态之下，他们可能永远不能达到优秀的标准。也可能有些人从来就不能达到优秀，即使在很多情况下他们是有这个可能的。能成功达到优秀的人还是少数的。可能大多数人经常都会有这样那样、或强或弱的渴望，渴望得到他们期望的名望和利益。但无论怎样，他们似乎是在一种无知的状态下被诱惑危险包围着，他们经常很快就忘掉了如何自我激励和进取，因此他们经常在希望和恐惧、坚决和劝阻之间踌躇不定。

当回忆过去，你可能会发出一声叹息，然后告诉自己，在那里你曾经浪费了很多时间和失去了许多可能的优势。假如能把时间碎片拼凑起来的话，你很可能把你的研究推进到新的领域之中。正如人们心中不朽的培根，聚集了大量的知识储备，因传承了那早已远离我们的伟大心灵，为我们留下了可以继承的财富。

由于挖掘，我们拥有了最上等的黄金。

究竟那些头带新羽毛快乐跳舞的印第安人和有如此思维方式的牛顿或是波义耳有多大的不同呢？又是什么造成了他们之间的不同呢？在原始野蛮之中也有着充分的思维方式，但它的精神就如大理石柱子一样，有一个精美的塑像镶嵌在里面，但是雕刻家的手却从未用凿子雕琢过它。

野蛮的心灵从未被学习所秩序化，因此在比较的过程中，它就像森林里粗野的北美野牛一样显露出来，只是在耐力和凶猛方面有所区别罢了。

当问及人类的能力是否趋于自然平衡这样一个问题时，我认为，每个人在处理某件事的过程之中都会有突出的能力。

曾有这样一个受耶稣会士照顾的男孩子，曾被界定为是一个除了愚蠢什么也不剩的人。老师们曾经试图努力争取使他提高，但这对男孩子来说却无济于事。这使得老师们认为自己作为这个男孩的引导者，想通过教育他来在社会上提高自己的声誉是多么的没有希望。最后，有一个教父试着让他学习几何学，由于这非常适合他的智商，因此他成为了他那个时代的第一流的数学家。

我曾在公共场合里看到过这样一个男孩，他在上千人惊讶的凝视之下爬到了高耸的公共建筑的避雷针上。当时，狂风肆虐，避雷针时而摇晃、时而颤抖。直到他到达那最顶端 195 英尺高的风向标时，在场所有的人无不在担心着他会掉下来。但令我们讶然的是，最后他竟然爬到了风向标上，并且把他的脚置于其上。他在空中猛烈地挥舞着手臂，如同狂风摇摆着那矗立着的风向标一样挥来挥去，直到他站到疲惫不堪时才悠闲地下来。我不否认这是一种存在着高风险的思维能力，但在那之后就没再听说过他了。不但他的思维没被培养过，就连智商也未曾偏离过原有简单的轨道。我还想说，当这个穷孩子被界定为把如此非凡的冒险当作一个范例诠释给众人的人时，我情不自禁的祝愿他：但愿在他设法克服恐惧，勇敢地面对这次冒险之前，人们就已经小心翼翼地指导他那无畏的天赋进入正常的轨道了。

我曾用过一个冒险的词，很古老，它就是"天赋"。虽然说天赋培养了人们怪癖的习惯，但设想它与天赋是不可分割的，也就不足为奇了。就有一些这样的人，凭借这种天赋，以一种另类的方式去做一件普通的事。他们既不把自命不凡设定为一种天赋，也不把断言当作一种性格。这样的人在这个世界上恐怕也是寥寥无几。也有少数人虽然心存极大的嫉妒，也去尽量的效仿，但事实上真的只有太少的人可以变得更出色。因此，努力学习的目的不是制造天才，而是要以一种普通的模式去构建思维方式，以便更为机智有效地处理事务。

天才的头衔并不能令一些年轻人垂涎，也似乎没几个人看起来对勤奋用功以及深入研究有耐心。谦虚地说，一个真正天才的标志在于他与其他人的思维方式有着极大的不同，与此并存的他还有更多的耐心。你可以有良好的思维方式，明智的判断力，丰富的想象力以及宽阔的思维和视野，但请相信我，你很可能不是天才，你未经艰苦卓绝的奋斗可能永远都成不了天才。因此，所有你所能得到的一定是你努力工作不知倦怠的结果。你有朋友鼓励你，有书本和老师帮助你，还有那大众的力量，但毕竟训练你的思维是你自己的任务，没人能代替你做此项工作。没有辛苦的劳作，这世界就没有什么是有价值的。

没有耐心的学习就没有真正的卓越不凡，这是照亮你前方道路的明灯。如果没有教育、没有学习，即便是闪亮的东西也是不真实的，也只是一瞬间的。我们把它视为事实，对事实而言没有例外。我们必然要为我们想拥有的东西付出所有的努力，对于未经自己努力而取得的东西也不值得去占有和索取。

那些点缀太平洋的如此美丽的小岛啊，它们是如此美好，看上去似乎是许许多多的伊甸乐园。传说，它们是由海中的珊瑚虫养大的，一时间淤积了沙石，这些沙堆堆叠形成整体，这也是一种努力之下的结果。思维最伟大的成果是从小积累，然后继续努力。我曾不停地回忆一名卓越学者的成就，以一种独特的方式欣赏他。依稀记得那是一幅大山的画面：一个男人在山脚下，帽子和衣服就扔在他旁边，他手中挥舞着镐头一下一下地挖。他的耐心似乎与其言行一致——"一点一点来"，聚沙成塔。

教育的首要以及最终目的是思维方式的规律化。思维本身自然的像一匹小马，充满野性、不易驯服。让任意一个还未被封闭思想束缚了思维方式的人坐下来拿出这个题目试着去思考，结果将会是他无法操纵自己的思维，使之与目标一致。他会偏离轨道。当他再度集中注意力，决定现在就把思维集中到那一个点时，他立刻再次发现自己已经又一次偏离轨道了。此项过程又被重复了一遍，直到他气馁放弃或是劳累睡去。

在朝气蓬勃的学习时期，学习罗列大量的信息并不重要，重要的是要形成一种适合未来新鲜事物的和实用有效的思维方式。备战的火药库终将会被填满。但我们在准备的时候不要过分焦急，以免适得其反。最终的目的是用一种毕生坚持不懈的努力来改善和提高思维的能力。你一定会计划用毕生的时间去提高自己。因此现在就试着养成学习的习惯吧，学会怎样去占有优势。牛顿在85岁时仍然在不断地改善他自己的时间安排，瓦特在82岁时被公认还有那不灭的诗歌般的动力。

要把注意力定格在学习上变为学习的首要目的。即便是能做到，在这个过程中也要克服许多困难；若做不到，就会在学习的某些方面徒劳无功。"要想使学习的目的奏效，注意力就必须集中。"假如将任何一个无关的幻想主题与一个应该完全在注意力集中之前就被分解开的情况进行对比，两者就都会失去各自的意义，以至于无法产生效果。"我认为一般情况下，在学习方面，记忆抽象观念与将注意力集中于主题之上相比是毫无用处的，除了思维方式外什么也没注意到。"

在这里，我不禁要问："如果你永远不能控制你的注意力，那你是否习惯屈服于你的欲望和激情呢？""是的！"一个认为他的欲望就是他的主宰者的人回答，而且他认为欲望能够严谨而有规律地履行它的自然职责。但比永久影响更有优越性的东西，一定会先变得比他的激情更有优越性。为什么一个男孩把他的一大笔钱放到了写字的石板上，皱起眉头，然后来回揉搓，在一次次重复这个动作的时候他变得灰心了。因为他还没有学会如何控制自己的注意力。当新思想贯通他的大脑，新事物牵引他目光的时候，他就会失掉一连串的思考结果。为什么拉丁文或希腊文会混淆你的记忆，让你不得不每隔十分钟就要去查词典呢？为什么你现在会把他当作陌生人，他的名字你本来知道，但你却想不起来。这是由于你还没有完全获取集中精力的能力。你是否有过这种经历，自己在很久以前曾经记过的单词，当你再一次看到它的时候，就像阴影闪过一样，是否如果不集中精力，同样没有办法想出它的意思？

解决限制注意力的难题很有可能就是雅典政治家、雄辩家德摩斯梯尼成功的秘密。他保持沉默地在著名的黑暗山洞里学习，这将被视为事实。

我曾不止一次地发现孩子们在暑假拿起他们的书，从房间逃离到附近的花园或是山洞。当他们再回来的时候，却充满了忧虑。同样再换一个地方，注意力的分散就会给他们一些新的干扰。如此难以形容的焦躁不安，与早期努力克制思维的效果有明显的不同。所有的努力都将变成徒劳，你无法摆脱你自己的困扰。最好的方法是在你原来的房间里正襟危坐，这样你就能指挥你的注意力，把它集中在艰难而枯燥的学习上，并且掌握它。

耐心是一种美德，它与注意力有亲缘关系。据说，没有耐心，思维方式就不能规律化。耐心的劳作和调查不仅是学习方面不可或缺的成功方法，而且是成功的保证。年轻人感觉处于危险之中时，可能就是新的成就出现之时。因此，他必须保持精神的快活和乐观的希望。他必须牢记谦虚可不断地战胜自我。然后，他会突然显现在这个世界上，重磅出击，他的臂膀就是他的力量。多年的自我约束、耐心的学习以及辛苦的劳作，可以使他的成就登峰造极。在你了解这些之前，他已达到了阿尔卑斯山的高度，有一种高耸的感觉，向下望着匍匐的植物。因此，大多数人一生都在浪费生命，等待时光完全吞噬了他们的生活。他们什么也不做，只是空想着等待一个个良机去闪亮登场。当一个人出类拔萃之时，一定是经过了一番极大的努力。大树难道不是在慢慢地、渐渐地生长吗？小树苗一定是有了三个年轮之后才能让树上的果实落地。噢！在如此期盼之中成长的果树永远不可能比矮树丛矮。每个年轻人都应该记得，一个想要拉动公牛的人，一定先是一个每天都能拉动小牛的人。伟大的科学家牛顿，在他转过身研究的时候，发现他的小狗弄翻了他的桌子，桌子上他已写了多年的论文被毁掉。但他仍然能够镇定自若地说："宝贝呀！你不知道你闯了大祸吗？"然后毫无怨言地细致地重新开始他的工作，继续完成它。在这个例子里，耐心起着至关重要的作用。令研究界遗憾的是现在已经没有多少人有耐心地坐下来夜以继日、年复一年地研究、工作了。在对年轻人的教育中培养这种性格特点很不容易。

　　学生应学会思考以及表达自己的观点。原本真实的自我是用自己的方式把事做到尽善尽美。多少接受过教育的人会绅士地模仿他人，但"没人曾因效仿变得伟大"。最大的原因是：学会一个伟人的缺点和讨厌之处比学他的优点要容易得多。那些模仿约翰逊的很多人，有多少比他们那浮夸自大的语言还有更多的内涵呢？一些试着紧跟拜伦其后的人，有多少是以歌唱为生的呢？没有。他们除了对他们的缺点品头论足之外什么也没模仿到。摒弃那些有成就之人的才华，只学到令人讨厌之处。

模仿或是借用很容易，做这两件事，比自己做事还容易。但坐下来盘点一下，没有任何一个模仿者曾达到过卓越。在性格易受控制的特点影响下，你需要有自己的性格特点。让我们记住，我们很难重复他人的长处和优点，我们必须用耐心和勤奋去获取成功。

学习的另一个目的，是提高识别力或是判断力，以便有思维的能力，平衡各种观点和理论。没有此项能力，你可能永远不能决定什么时刻读书，什么时刻将所读之物抛到一边；信任什么样的作家，接受什么样的观点。大多数人和勤奋的读者都会在未完成理想的情况下，用毕生的精力去追求平均判断力下的目标。他们所听到的最后的理论可能是真实的，尽管事实证明其有缺点；他们读的最后一本书可能是精彩的，尽管它没有什么价值；他们最后获取的东西可能是最有价值的，因为对其了解得最少。因此，大多数的目标都会被坚持不懈地实现，尽管在实践生活里毫无用处。"我曾看到一个牧羊人，习惯了在幽居里自娱自乐杂耍鸡蛋，总是能不打碎鸡蛋就抓住它。"意大利作家说，在这方面，他达到了尽善尽美的程度。他几分钟之内可以一次性一起投四个，并在空中玩耍，又依次落入手中。他出色的坚持不懈与合理的操作，把精准和严肃集于一身。虽然我不可能做到这些，但这却可以从另一个角度折射自我。同样一丝不苟地集中注意力，同样地以正确的方法专注于所研究的事物，这很可能会产生比阿基米德还伟大的数学家。

假如我所说的任何一件事，给你的印象是我不认为一个人有必要通晓大量知识，而变成博学、有影响力及有用的人。那接下来，我将修正你的感觉。这里我要说的是，作为一名学生最大的目标，是时刻准备把他的思维方式用于将来可以集中到一起使用的事物上。

影响世界最大的工具是思维方式。没有什么工具能像思维方式一样，在练习和使用之后能使你有决定性和持续性的提高。

一些学生思维的人愿意设法看清努力会带来怎样的结果，以及那少有的苍白无力的想法可以扩散得有多远、多广，但这是狭隘的。同样，过多的斥责也是很危险的，怕的是宽容被耗尽，或是耐心被削弱。弓被弯掉一半，怕的是用力过猛，失去它的弓力。但你不需恐惧，你可以招回你的思维方式。对你而言，思维方式将是那所有方法之中最好的选择。同样的问题第二天，你可以再重复一遍，每次它都会对你的提问有更充分的回答。记住真正的思维规律不是由你不时做出的极大努力构成的，而是在于训练思维方式时的不断努力。如果你想要你的规律性完美起来，那在你的学习期间一定要坚持不懈的努力。完美的规律思维方式是不可能在一些极大的不测事件上产生错误的，它能勾勒出一个巨人的实力。这种完美性总能在特定和恰当之时产生一种特定或平衡的结果，这就是牛顿思维方式的荣耀之处。

人类自然的学习是教育的重要组成部分。我知道它存在于一些有许多想法的人的身上。

假如学生没有深入而深刻的见解，而是被封闭在大学课堂里，那是他自己的错还是导师的错。积极生活的人会很准确地判断事情的发展方向，以你所期盼人们在这样的场景里应有的方式去判断。在这些方面，他们的总结是准确的，虽然他们看见的不是行为的动机，也没有深入窥视到行为的精髓中，但他们还是操作准确的研究者。他们深入研究人类的自然规则，这些规则不因时代、潮流以及外部环境而改变。这就是为什么受过教育的人的思维方式在通常情况下是一箭穿心，而未受教育的人仅仅是拨拨它琴弦的至关重要的原因之一。

自我知识的积累，是学习的另一个重要的成果。有些人未经长时间的精神规律化过程就把自己提升到一个较高层次。他们大多数是书呆子。他们自负，除非他们被他人准确而屡次地评价外。你知道你能做什么、不能做什么是很重要的。这一点与其他的思维方式联系在一起，不仅仅能够提高你的智力，还能把你的渴望融汇到思维方式之中去扩展它的实力，同时你也学会了谦虚。你可以看到许多有着高智商、有成就的人。他们身上一定会有一些基本的缺点，但多年以后，他们最终会成为一个有成就的人。然后他们会迈回到学习的起始点，为了他们今后的提高再从头学习，这些就如同上帝的造物一样无穷无尽。一个人非常了解他自己的原因是什么呢？假若他高估自己了呢？我的回答——假如他存放草稿的量大于他储存的空间，那当然无法写保护。

每个人都有他不愿让别人指责的虚荣心，但优点除外，这绝对允许他人宣扬。由此，假如你把你自己放在高估自己成就以及价值的人群行列里，会大大折损你的成就。谦虚的人可能比有同样成就的前人更会使用人类的同情心和亲善。这是学习的结果。

一个声震全欧洲的哲学家是如此的低调辞世，他的女房东哀悼他说："这可怜的人根本不能做出像哲学家那样的事。"

为什么会有如此糟糕的思想、经验被收录到我们的书中，大量的思维方式被分解后再聚集到一起。如果不是那样的话，我们能使它处于领先高度，并推动我们进一步到知识的分界线及领域之上吗？除此之外，在如此黑暗的世界里，令人愉快的是我们看到行星升起，尽管它不发光而是反射阳光。

毕竟通过任意一种思维方式精炼大量原始想法所得到的收获很可能比不断地想象要少得多。那些不了解令人愉快的新鲜事物的人一定是处于阅读的初期。对他们而言这世界是新的，步态新鲜而迷人。我曾频繁地听说过处于成熟阶段的男人，希望能坐下来在书中找出他们年轻时的新鲜事物。为什么他们没找到呢？因为原来的新书到现在已经不是新的了。他们曾多次看到了相同的思想或是它们的影子，但每本书都失去了原来所遵循的意义。那么，正如你起初的设想，如果对人、对书都没有太多的原味，它所遵循的是——记忆是人与人之间传达知识的主要工具。他所培养的是我在此提到的最重要的，不是现在指导如何去培养它，但可陈述他的巨大价值。

通过我所说的，你会看到学习的目的是在所有方面把思维方式规律化，展示一下在哪儿可以找到工具，又是如何使用它们的。在学者思维方式里，任何时候精确数量的知识都不是也无需是大量的。像一个质量上乘的水泵，你会很快耗尽它，它是不是个还不能达到下面无穷无尽的井？那么，所有工具都会在它被用尽之前再装满它吗？假如现有的知识将蒸发掉，仍会像海洋里升华的水蒸气那样通过其他的海峡重新回到勤奋的研究者这里。

第二章

论习惯

本章主要讨论人对"习惯"这个词的理解。

曾有人说过："人总是受习惯束缚的。"我认为这句话很正确。假设生活中的你不得不头戴枷锁，脚戴镣铐，这些枷锁和镣铐是不是你的负担呢？早晨起床时，你受这负担的束缚；晚上躺下睡觉时，也因这负担而疲惫不堪。你痛苦地呻吟，你没有办法摆脱这种负担。即使这样，也没有比某些坏习惯更让人难以忍受，更让人难以摆脱的。

习惯很容易养成，尤其是坏习惯。看似微不足道的事情，很快就会成为习惯，并且越来越稳定，就像耐用的"缆绳"一样。这根"缆绳"是你一点一点地旋转、拧结出来的。一旦这根"缆绳"拧成了，"傲慢大船"便会向它驶来，并使习惯的"缆绳"接受"傲慢大船"的牵引。

人的习惯往往在年轻时养成。人们的生活经历、职业和思想感情都对习惯的养成起决定作用。无论好习惯还是坏习惯，都能很快与人融为一体，成为具体某个人的部分特征。谁不知道在一个老房子的壁炉边的角落里待了六十年的老人会因一点小小的变化（不适应）而变得让人同情呢？你也许读过有关巴士底狱老囚犯被释放的故事。他请求再次被关进阴暗的地牢里，因为他在那养成的习惯已经固定了，以至于他的生活定式已经难以被打破。很多四十岁的人都会痛惜地说出他没能成为成功人士的习惯，然而这种习惯已经和他形影不离、挥之不去。至少他已经没有勇气去尝试去改变了。因此，我希望你们要养成好的习惯，我的确希望如此。

没有自己生活习惯的人是可怜的人。但我希望的是：你们养成好的习惯，这些习惯每时每天都使你们快乐，并且使你们成为有用的人。如果一个工匠被告知现在须选择一种一生都使用的斧头，他会不精心的去选择适合他禀性的斧头吗？如果一个人被告知他一生必须穿同一件衣服，他不会担心他所选择的衣服的样式和质量吗？但假设的这些情况也不能比与心灵相得益彰的习惯更重要。有人会把自己的身体置于一个塑身衣中，希望可以舒适、迅速、轻松地行使身体的各种功能，就像把心灵置于人的某种习惯中一样，然后希望完成或好或坏的任务。

不要害怕去养成任何你想要养成的习惯，因为习惯可以养成。这比你想象中的习惯要容易。让同样的事情、同样的责任，每天同一时间出现，很快这将会成为快乐的事。不管一开始多么令人厌烦，只要定时地来完成，不间断地执行一段时间，你就会发现这会成为积极的乐事。我们的习惯就是以这种方式形成的。一个学生轻松地坐下来一天学习九至十个小时，会发现他习惯于做同样的事情。我曾见过一个人，他坐在放满了美味食品的桌边，却只津津有味地吃着水手们常带的饼干，而一点也不想吃其他食物。在此之前，他曾是个美食家。但是他的健康情况驱使他这样，直到他养成好的饮食习惯。

在此我要特别说明怎样努力去养成良好的习惯：

1. 每天睡前做好计划

应在前一天晚上把计划想成熟，早晨醒来再回想一下，然后马上着手行动。可以想象，有了事前的规划，我们一天将能完成多少令人感到惊讶的事情。每件事情都是同样的道理。今天早晨有一个人在马路上清除厚厚的雪堆。当时，寒风凛冽，他刚刚清出了一个通风口，然后他停了下来。接着，用他的铁锹估算了路的宽度，又估算了铁锹的宽度，最后，又估算了每一铁锹扔出的雪量。十五分钟后，他比没有计划的前三十分钟清理得更多。我曾经有过同样的经历，没有计划时的工作用两天完成，有了计划可以节省一半的时间。

经验告诉人们：细心选择做事的方法，会使所从事的事情取得最大化的成功。

这样做可以使人成为实干家，如同溪流无声地流向大海。如果你现在正在求学，不仅有由教师规定的必须完成的任务（当然，这些应该在你的每日计划之中），除此之外，你还应该获得新的信息，或者为你的朋友或同伴带来快乐。

一开始你会因未能做到如规划上的那么多工作而感到有些泄气，但是一天天地接下去做，你会发现你做得越来越多，很快你会惊奇地看到你已经做了这么多。

2. 培养孜孜不倦的精神

你不应把自己假想为天才来欺骗自己。下定决心、孜孜不倦的精神是获得一切应当有的态度，除此之外，我们还要为之付出行动。勤奋是获得更大成绩的必然之路，唯有勤奋才能成功。我们惊异于前人的著作之多，而勤奋是所有前人成功的关键。每天坚持走上三小时，七年将绕地球一周。没有什么比作为学生却整天无所事事这样的情况更糟的了。而没有良好习惯就会使事情变得更糟糕。没有人轻易就能养成习惯，也没有哪种习惯轻易就能改掉。无所事事的人很快就会麻木不仁，感情上很快就会像印第安谚语所说的那样："跑不如走好，走不如站好，站不如坐好，坐不如躺好。"也许，最值得同情的人是最无所事事的人，因为疯狂的快乐只有疯狂的人才能知道。当然，无所事事的痛苦也只有无所事事的人才能感觉到。我知道有很多人"过于忙碌"并不是因为勤奋。精明的人轻易就能发现其中的不同。是他们忽略了自己的职责和实际工作，把精力用到了自己不该做的事情上。

很明显，勤奋的人拥有最多的悠闲时间。因为勤奋的人把时间规划得很周密，每一段时间都有任务安排，直到把事情做完，最后就获得了闲暇时间。而无所事事的人正相反。这与"河岸对河水有约束性，但河水在河道内流动总比不流动要好得多"是同样的道理。哪条河不愿意奔流到海呢？即使是在狂风暴雨中，也比静止不动要好得多！一个普遍道理就是：要想成为优秀者就必须勤奋，无所事事者只能落得"大蠢蛋"之类的称呼。不勤奋的人，不会有计划地安排时间，他们浪费掉的时间多到令人瞠目。路德的朋友在一封信中说："没有一天路德不是在写点什么，或是在读点好作家的作品。"路德就是这样把时间安排得有条不紊。"他孜孜不倦，勤奋刻苦，不断祈祷，不断宣讲教义，不断询问百姓疾苦，不断看望病人，不断挨家挨户地劝诫别人，不断到学校讲学，尽可能多地和学生在一起。除此之外，他还写了许多资料。"

学生计划好好学习，并完美地写在纸上很容易，难的是他们只是写在了纸上，却没有付诸实践。家长或老师不可能时刻在他们身边，也不可能完全放下自己的事情坐下来总陪着他们。翻译整本《圣经》的路德令欧洲人都感到意外：他在经常旅行、讲经布道、积极参加公益劳动的同时，却又能把《圣经》完美的注译了。这只有一句话可以解释，那就是：他每天做事都有严格的时间安排，绝不差一分一秒。一位侯爵问拉丁诗人和讽刺作家赫拉西："你哥哥是因什么死去的？"他回答到："因为无所事事死去的。""这足以使我们任何人死去"，侯爵说。

在土耳其语和西班牙语中都有个同样的谚语："繁忙的人只有一个魔鬼困扰，而无所事事的人有一千个魔鬼困扰。"通常人被魔鬼所诱惑，但无所事事的人诱惑的却是魔鬼。如果你做事勤勉，每天有个好习惯，严格按照计划去做事的话，将会有多少个濒临倒闭的公司可以得到挽救！有多少使你做错事的诱惑可以抵制！有多少伤害你自身的时刻可以躲过！

3.培养锲而不舍的精神

这里，我所说的锲而不舍，是指一个人在几个星期里都可以坚持不懈地去从事同一学习或研究的能力。有人或许听说或读到过某某人坚持不懈取得成功的例子，因此也不细细思考一下，就认为自己也应照搬人家的计划来这样做，还津津有味地和别人谈论自己的发现。然而用不了几天他就因为别的事而把这个计划搁置在一边了。很多人会想：那样伟大的人是这样做的或者那样做的，那我也要这样做或那样做。但很快他就对这样做或那样做感觉厌烦了，就搁在一边了。我曾认识一个人，确切地说是一个学生。他从一本书中读到，一位伟人曾在他的门上写着光阴似箭，他立刻也用大写字母醒目地把这几个词写在了门上。后来又听说一位博学的人很羡慕英国法学家布莱克史东，他就把这几个词换掉，换上了布莱克史东的格言。之后，他又在一个偶然的机会听说一位大名鼎鼎的人有个习惯——这位大名鼎鼎的人的信息都是从与别人的谈话中获得的，于是他就挨着房间去跟别人谈话以便获得信息。我们当然不能说所有学生都是这样的，这也不大可能，但这种现象确实存在。

徘徊在两件事中，不知道该先做哪一件事的人，两件事都做不成；下了决心做，却在朋友建议或者计划中犹豫不决的人，就像风向标在风中摇摆不定一样，这样的人将永远难以有所作为。不能进步的话最好原地不动，如果动，则很可能结果还不如原来。只有那些明智地向别人征询建议，然后果断下定决心，不折不扣地朝着目标去做，而且不会因一点困难就气馁的人才会取得成功。试想一下，一个学生正在学习一种语言，这时他的一个朋友来了，告诉他说你正在浪费时间，你不要再背诵过时的单词了，而应该想想做点新的事。因此，他改变了计划，开始学习数学。而他的另一个朋友又来了，板着很有智慧的脸问他："你想成为大学里的数学教授吗？如果不想的话，普通的数学知识已经够用了，还花费时间去学什么数学？这是对时间的浪费！"于是他放弃了学数学，开始了对其他学科的学习。后来又是在同样有智慧的朋友的建议下，他又开始了另外的学习。就这样，生命在一次次地改变计划中被浪费掉了。在这个过程中我们应该看到的不仅仅是他的愚蠢，还应看到他在做事情方面的犹豫不决，这足以使事情糟糕到极点了。是的，我想要说的是：做事方面，你要明智地抉择，果断地执行。一旦做了，就要以大英雄的气概坚定不移地做下去。

我们的危险在于我们经常毁掉本来很有希望成功的计划，把今天本来可以做的事拖到了明天才去做。"那封信可以明天再回，朋友请求帮忙做的事可以明天再做，这也没什么损失。"是的，这样可以。但这本身来说对你自己就是个损失，因为这样做就是屈服于"敌人的城堡"的标志。

"那个注解或者那个事实明天就会记在我的本子上了。"是的，每一个这样的放纵都将是你的巨大损失。你的每一小时时间都应该根据事先计划安排好。你计划好的每一天时间，抵得上没有计划的一周时间。

4. 培养守时的习惯

没有哪个人的生活应该是不守时的，然而只有少数人能做到守时。做每件事情都是晚一点儿容易，但要成为一个做每件事都敏捷、守时的人并不容易。因此，能成为这样的人对你自己或者对整个世界来说都有不可估量的意义。守时的人可以事半功倍，既令自己满意，同样也令他人满意。从本性和习惯方面来说，我们非常懒散，以至于能找到一个非常守时的人都会觉得是一种奢望。我们喜欢依赖这样的人，甚至愿意付出任何代价和这样的人在一起。

有些人因为担心守时这种习惯会变得模糊而不敢珍视它，甚至认为自己的抱负不及伟人，只要远远地关注伟人身上那些值得他们追寻的美德就可以了，而不付诸行动。布莱克史东的想法缺乏条理吗？他是否因为没有好的性格而培养守时的习惯呢？即使他在做演讲时也从没有让观众等待过一分钟，他从来没产生过让观众等待这样的想法。读者一定很愿意读到后来成为基督教牧师的布鲁尔先生的例子。当布鲁尔还是个学生的时候，他就以守时而闻名了。一天早晨，时钟已经敲过七点了。按照习惯，所有人都起床准备做祈祷，但教堂的助理人员看到布鲁尔还没有到。过了一会儿，他看到布鲁尔走进来，于是他说道："先生，时钟刚刚敲过了七点，我们正准备开始祈祷呢，但是您还没有到。我们想一定是钟快了，因此等着呢。"实际上，时钟真的快了几分钟。

我们中有很多人不重视这种美德，因此每天都欠一点点债。"现在已经太晚了，但是只有这一次。我今天没及时完成任务，但只有这一次。"这些就是他的借口。

一个人一定要培养自己守时的习惯！决定在几点起床就一定要起床，决定早饭前做多少事就要做多少事。一定要这样做。若要会见朋友，一定要准时到场。"让人等待表示有自我尊严"，但伤害的是平等关系。有人如是说，一群人在等待你之后再见到你会很高兴，但是他们更希望在你该出现的时候见到你。如果你有两件事要做，一件是你必须要做的，另一件是你很想做的，一定要先做前一件事，这样才能完成我们的任务。

5. 培养早睡早起的习惯

能活到很老的人很少，能够成为大名鼎鼎的人更少，全因为没有早睡早起的习惯。你起得很晚，开始做事就很晚，每天的事情都不能在正确的时间去做。弗兰克林说："晚起的人每天都得急匆匆地做事，到晚上可能还是没有完成任务。"作家斯威夫特说："我从没听说过早晨还躺在床上睡大觉的人能够有所作为。"

第二章
·论习惯·
Self-Improvement

　　我认为，社会堕落的原因，历史将会证明晚起是其中明显的因素之一。十四世纪，巴黎的商店早晨四点钟开业，而现在，早晨七点后才开业。亨利三世的时候，法国的皇帝早晨七点早餐，晚上十点晚餐。到伊丽莎白时期，贵族、时尚人士、学生都早十一点吃早餐，晚五六点之间吃晚餐。

　　法国博物学家布丰在他的著作中提到："在我年轻的时候，我很喜欢睡觉，这使我损失了大量时间。我的仆人约瑟夫做了极大地努力帮助我克服这个缺点。我曾答应他如果他每一次都能使我在六点起床，我每次都会奖励他一个花环。第二天早晨，他及时地叫醒我，这使我很烦，他得到的只有责备。第三天，是同样的情况。中午的时候他让我承认错误，让我认识到我损失了时间，我却对他说，你还不知道怎么做好自己的事呢。实际上他应该想到我曾答应他的事，而不应该害怕威胁。接下来，他强迫我，我向他请求放弃，但是约瑟夫一直坚持，而得到的回报就是我醒来后的责备。是的，我的作品有十几本要归功于他的帮助。"

　　普鲁士的弗里德里克给自己规定起床时间不能晚于早四点；大彼得无论是在伦敦的码头上做木匠工作还是在铁匠店做铁匠，或者在俄罗斯做教堂的工作，都是每天天不亮就起床，"我是在尽可能地延长我的生命，尽可能多地做工作，尽可能少地睡觉"。

　　能够早点起床，我宁愿早点退休。这样做有很多原因，其一是——"谁都不愿对眼睛和健康不好。"造物主让我们做每件事都有固定的时间，我们应该晚上早点睡。德怀特博士曾经对他的学生们说："午夜前睡的一小时，顶得上午夜后睡的两个小时。"你应该知道遵循这个原则。自然界要求你应该晚上十点睡觉，早上五点起床，这样你才能得到充分的七个小时的休息时间。

　　但你怎样才能养成早起的习惯呢？假设你已经习惯了熬夜，为了养成早起的习惯，你今晚十点上床，但在床上躺了一个小时，翻来覆去怎么也睡不着，最后不知什么时候睡着了。但第二天凌晨五点别人起床时，你却睡得正香。我的回答是，如果你期望今生今世能成就一些事情，一定要养成早起的习惯，而且越早越好。如果金钱能买到这个习惯，那么，价格多高都不算贵。一旦你睡醒了，应该立刻起床。如果你想多躺一会儿，试图向睡眠妥协的话，睡魔就像一个全副武装的斗士，一下子把你抓住。于是你全部的决心顷刻间荡然无存，你的希望瞬间破灭，你苦心建立起来的习惯也将被毁掉。

　　你是否应该记住，习惯早起的年轻人肯定习惯早睡，当然还要尽量使自己避免受外界诱惑的影响。从年轻时就习惯早起的人，长寿的可能性很大，成为名人和有用之人的可能性也很大，更可能度过内心宁静、愉快的一生。我仔细地思考了这一点，因为学生们经常赖床是一种不好的习惯，这种习惯很快就会拥有强大的力量，甚至影响你的全部人生。

6. 一定要养成向周围每个人学习的习惯

是奉行还是忽视这一原则会在不到四十岁的时候就给我们的性格带来巨大差异。很多人都或多或少地实践过这个原则，但是能真正将它变成自己习惯并仔细思考的人却没有几个。大多数人这么做，或是出于兴趣，或是出于好奇。

瓦尔特·司各特先生告诉我们，他从未不尊重任何一位他遇到的人，甚至是马夫。他还通过与人谈话来学习以前不知道的、现在对他有用的东西。这应该能解释他为什么如此见多识广。在漫长的人生旅途中，侧耳倾听和睁眼观看是同样重要的。"我小的时候，"塞西尔说道，"我母亲有个仆人，她的言谈举止可以称得上是真正的明智。我家雇了个人酿酒，那个仆人就在旁边观看，学习酿造的方法和艺术。在这个过程中，她发现有些自己不懂的地方，于是就向酿酒者请教，但酿酒者却用粗鲁的话辱骂她无知、愚蠢。我母亲问她怎么能忍受这样的侮辱。她回答到：'为了能从他那儿学到酿酒的知识，我愿再听一千次这样的话。'"那种认为从文化学习和职业生涯中学不到有用东西的观点是错误的。如果你能够从遇到的每个人身上学到实用的知识，你将永远是杰出的、优秀的。实际上，每个人都知道一些你不知道的事情，值得你去学习和了解。

我不建议你尽量学习每一样事情，远离这样的习惯吧！但是，当你的心中有一个伟大的目标时，你就可以参与很多与你的目标有关的事情了。如果你被派往本国一处偏远的地方，执行一项特殊的使命时，摆在你面前的伟大目标应该是迅速、顺利地完成使命。那么你是否应该用自己的双眼凝视前行路上不同的景色和物体？你是否应该竖起耳朵，听一切你能够听到的信息、奇闻轶事、政界要闻之类的东西，以便回来的时候更加明智？这些会给你完成使命带来哪怕是一丝一毫的阻碍吗？你是否会通过这样的收获使自己更有亲和力，更加聪明，更有用呢？

7. 形成固定的原则，约束你的思考和行为

优秀的学者总是尽力记住每一个单词，以便日后再遇到这些词的时候就不用翻字典了。他的同伴可能对词源，词的阴性、阳性、中性表示怀疑；可能遇到某个词的时候，他根本无法解释该词是如何出现的。但是，他对此已经形成了自己的观点。可能他现在还无法告诉你，他得出自己观点的过程。对于其他事情也是如此，他很难详细地描述做决定的整个过程。不要为了获得一般概念而肢解一个主题，如果现在没时间，等到有空的时候再彻底地思考吧！不管它是什么，重要或不重要，在仔细、彻

底地思考之后，无论什么时候这个主题再次出现，大脑都会感到稳定、放松。

既定的、毫不动摇的原则是一笔财富，能使人的性格更加坚毅。这些原则有助于明辨是非，还与平衡判断的可能性有关。不要急于下结论。年轻人可能因草率犯错，失去判断的准确性。如果他们多给自己一些时间，权衡利弊，他们的结论将是正确的。

每每读到描写可敬的拉蒂默为了坚持他笃信的原则而牺牲的描述，我总会被深深地打动，甚至痛哭流涕。他们强迫他发表言论，证明他们的宗教是正宗的，而罗马天主教是伪宗教。他知道自己老了，思维也不那么敏捷了，但他不会发表任何言论。他把这些留给朝气蓬勃的年轻人，死的时候只是一遍又一遍地重复着自己的信仰！他清楚地知道，他曾经用所有的热情和智慧证明了这一主题，所以，他决不会再次证明自己原则的正确性。

8. 在个人习惯方面，一定要简单、整洁

穿着应尽量简单、整洁。不要觉得身体是灵魂的居所，就要使它显得非常重要而繁琐。一个真正的好人会尽量保持他的灵魂小屋外观整洁、有序。我建议，你的衣服一定要由质量好的材料制成，好得让你常常觉得它们很值得保存，使你急于通过它们的持久、耐用显示你的经济头脑。锻炼身体时穿的衣服应该跟平时

的不一样。没有谁在锻炼和学习时穿同样的衣服还自我感觉良好的。所以，你在学习的时候最好穿一件旧衣服或长袍。虽然最好的衣服能用更长的时间，但穿旧衣服或长袍会使你觉得更随意、更舒服。

你的服装还应有保暖的作用。如果你贴身穿着法兰绒内衣，要注意它们会变形。还要确信一件事，即保持足底干燥、温暖。为了实现这一目的，你一定要每天用双脚走路。

奴隶在参加比赛并尽力夺魁时，不会觉得自卑，但是一个学生能否衣着华丽而心灵空虚、不思进取呢？我的回答是："不管什么时候你看到狐狸尾巴露出洞口，你就可以断定，狐狸就在洞里。"一定要保持服装干净、整洁，包括你的外衣、帽子、靴子或鞋子，甚至你的家庭日用织品。

要特别注意你的牙齿。我的意思是，用软牙刷和温水简单地清洗牙齿，最好水中放些盐，这是每晚休息前最后一件必须做的事情。如果你接受这一指导并充满信心地坚持下去，那么年老的时候，你的牙齿会依然很健康。我愿不停地敦促此事，因为如果忽视这一点，结果就会是这样：你的呼吸最终将受蛀牙的影响，给人一种口臭的感觉；你的舒适、安逸将被持续不断的牙痛毁掉；你的健康将因缺少好的牙齿咀嚼食物而大打折扣；最后，如果你不注意保护牙齿，你的牙齿将很早就脱落。虽然保护牙齿看起来是小事，但如果忽视这个习惯，将来一定会遭受牙病和其他种种痛苦，那时就无法补救了。

一定要特别注意你用餐时的举止、行为。因为，对于正在学习的学生来说，如果他脾气古怪，则肯定要犯错误。一个人要是总觉得尽管自己的行为有时有些粗鲁，但他的脑力和成就能给公司带来愉悦的气氛，那他就大错特错了。如果你已经习惯了你所在的社会，请按照你所熟知的行为准则做事情吧；如果你还没有习惯你周围的社会，谦虚些吧，然后就会融入其中了。在和你的同学交往的过程中，一定要保持绅士的外表和性格，不要看起来像个小丑，或邋遢、不修边幅。在这些方面，你现在的性格可能会持续整整一生。保持你的房间干净、整洁，就像你的母亲或姐妹即将来看望你一样。

9. 养成把每件事情都做好的习惯

众所周知，约翰逊以前常常写完东西以后，既不看也不修改，就把副本寄给出版社。这就是习惯的影响。他开始创作的时候速度很慢，但是准确性很高。我们从心底里不喜欢被束缚，往往对外界的要求没有多少耐心，结果，现在已经很难找到尽力把事情做好的年轻人。因为他们总是想快点儿把事情做完。在和学生的交谈中，你很少能听到他们说把一件事情做得多好，而总是听到他们做得多快。这种习惯破坏性极强。凡是值得做的事一定值得做好。一个人如果没有这个好习惯，就算在其他方面有良好的修养，他也是不完美的。每件事都需要被做好，然后实践便会逐渐使你的速度得到提升。天底下有多少读者和作者因为不曾拥有这个习惯而遭遇巨大的不幸！欧里庇得斯写诗通常只写三行，而当时的诗人都写三百行。但是，一个是为了流芳千古而写作，一些则是为了眼前的生计。你的阅读最好少而精，你的谈话最好简短且使人受益，你的创作最好简练、精悍。匆匆忙忙的人总是急着错过旅途中的小景色，积累起来便彻底错过了人一生中最美丽的景色。

"你怎么做了这么多事情？"一个人在看到成功人士的努力和成功时，惊讶地问道："为什么我一次只能做一件事情，还不一定能够彻底地解决问题？"对此，我想请你记住：不要将满是墨迹的信寄往家里，然后借口说你很忙。你没有任何权力在这件事情上匆忙，这对你自己不公平。做计划时不要太粗心，以至于未来五年里什么事情也做不成。不要急急忙忙做事，以至于你不知道自己在做什么，或者并不完全了解自己做的事情，只是相信那些模模糊糊的印象。我们称之为表面功夫的东西就是这样形成

的。那些草率的、形成不能把每件事都做好的习惯的人，可能除
了肤浅的东西什么都得不到。

10. 不断努力控制自己的情绪

所罗门的这句关于创造和学习的话，同样适用于人生：学习
使身体疲惫，却能触及神经，甚至还能或多或少地让你易怒、爱
发脾气。谁会认为退休后优雅、平静的戈德史密斯曾经脾气乖
戾、易怒，有时还很烦躁。不断有人提醒我们，事实就是这样。
或许那些本可能写出《世界公民》(The Citizen of the World)、
《被遗弃的村庄》(The Deserted Village)和《威克斐牧师传》(The
Vicar of Wakefield)的人却一定要穷尽所能去创作仁慈的、令人
愉悦的作品，结果当他们回到现实生活中时，身上已经剩不下多
少令人愉悦的素材了。具体来说总是这样，谁的笔下挥洒着充满
善意、令人愉悦的文字，谁在平常的学习中就总是尖酸、执拗
的。因此，有时候人们会评价一个学生说："他有时候令人愉悦，
有时候却极难相处。"如果你想成为自己的主人，你就需要付出
极大的努力。凡是能真正主宰自己精神的人才是真正的英雄。

一个念头或想法，如果不认真思考、仔细辨别而放任自流的
话，它很快就会固定下来，形成习惯，贯穿你的整个人生。为了
避免这种现象，你应尽力培养大胆、勇敢的性格。尽量坦率，敞

开你的胸怀。不仅仅要"表现"成这样，还要"就是"这样。在某些人身上，有一种灵魂的无私和高贵很快会被人发现，并给予极高的评价。我们都知道，每个人都具有各自的特点，各不相同。有些人一生下来就心胸狭隘、愤世嫉俗、目光短浅。我们还无法解释他们为什么具有这些与生俱来的特点以及这些特点是如何一步步发展起来的。在童年时代，你可能常常被人忽视，但是，你决不能因此忽视你自己。

时刻对自己的境遇感到满足。没有什么比心理上的不满足更能让人心生怨气、更能破坏人们内心的平静。试问，世间有几人能够在期待完全掌控自己、彻底掌握语言、随心所欲地驾驭数学、轻松地解决难题、接受彻底教育的同时，却不遭遇任何挫折和心灵上的失落？还有谁能够在探索处女地时不必头顶烈日，不必在阴冷的大雨里穿梭，不必在尘埃中四处寻觅，不必同乱舞的蝇群斗争？

另外一种避免不满、易怒的办法，是要尽力避免空想。脱离具体实际，仅用嘴说，我们什么事也办不成。其中的错误将会大得无法弥补。我们总是对自己目前的状况感到不满；我们没有耐心去挖坑播种，等待希望的种子长成显赫的名声；我们总是展开想象的翅膀，梦想着拥有一切我们期待的情景，然后，选择其中的一个，以帝王的威严和伟岸驾驭这个情景！人的本性和命运决不会联合起来为走向穷途末路的人创造人间天堂，就像你不能立刻创造出另一个你一样。幻想很快就会在人的灵魂深处占上风，因为我们很容易禁不住诱惑，坐在椅子里，梦想着自己变成了政治家、演说家、世界的统治者和主宰，而忘记了在现实生活中，不管从事什么职业，我们都应该付出努力去超越自己、完善自己。住在拉塞拉斯的圣人用了十年的时间，付出巨大的努力思考如何引导和管理地球上生活的人们，如何调节气候。同那些生活在空想中的人相比，这位圣人才是真正聪明的人，因为他的感情是成熟的、善良的。相反，在大多数情况下，空想的整体作用令人难以恭维。空想使人变得尖酸、刻薄，所以，千万注意你自己是否增加了类似的特征。当你降临人世，同空想打了一段时间的交道之后，就会发现空想就像一个荒芜的城堡，阴冷、潮湿、没有生气。在空想的过程中，你还会遇到多得数不清的敌人，但空想将使你凌驾于它们之上，使你暂时显得至高无上，似乎有能力处理一切困难，压倒一切反对者。当空想成了你的主宰，驾驭了你的一切之后，你就会变成一个愤愤不平的精灵。

11. 培养正确的判断

有些人凭直觉就能判断出初次谋面者的性格特点。同样，有些人凭直觉就能判断出一本书的好坏。他们在快速翻阅、挑着阅读某些页面后，就能毫不犹豫地判断出这本书的价值。一旦你的头脑里形成了对某个人或某位作者的偏见，你将很难看到他的闪光之处。这些偏见使你的判断失去准确性，还会使你走上歧途。如果你对偏见这个坏习惯不管不问、放任自流，它将使你的一切行为从偏见出发，而不是从判断出发。

一个绝对正直、明智的人往往拥有着稀少、无价的天赋。然而，这样的一个人如果能做到处理所有的事情时都公正、毫无偏袒，那他一定更奇异、更与众不同。上帝只将这判断的准确性给了少数人，只有这少数人中的少数人能够逃离偏爱与成见，将其排斥在自己的一举一动之外。但没有人能够做到在任何时候不受任何拘束，所以，我们决不能恣意妄为。我曾经看到这个话题被生硬的解释。一个钟表匠告诉我，有位绅士将一块制作精良但走得不准的表放在他手上交给他检修。他像往常一样，认真、仔细的修表，力求做一件完美的工作。他将表拆开，然后再组合起来，一共重复了二十次。他没发现任何有问题的地方，表却越来越不准。最后，一个念头突然闪现，可能是平衡轮离磁铁太近了。用磁针试一试之后，他发现自己的怀疑是正确的，问题的根源终于找到了。表上其他部分的金属永远受其装置的影响。换了一个新的平衡轮后，表又走得很准了。这说明，如果最明智的人被偏见磁化，那他的行为一定会出轨。

在判断你自己的性格时，不要忘记几乎每个人都会高估自己的作用和重要性。我们的朋友因爱我们而表扬我们，我们的内心更是如此。我们看不到自己的缺点和不足，或者，即使看到了，也一带而过，或想尽一切办法缓和由此产生的矛盾。对于敌人的评价，虽然有时对我们来说很难接受，但更有可能是正确的。至少，他们会使我们睁开眼睛看看那些瑕疵，这正是我们平时看不到的，也是对我们来说极其危险的。还有一件事值得注意，可能世界上的其他人都会因你做的这件或那件事而表扬你，但如果仔细琢磨，你会发现他们动机不纯。在这种情况下，你会根据他们的判断估计出自己的性格并做出准确的判断吗？我们的许多美德都有着怀疑的本质。如果我们将所有的赞扬都置于分类账的贷方，那么我们就将自己置于险境了。

一位品质高尚的军官告诉我，他曾经坐下来思考关于节制纵情享乐的原则，并下定决心，不管这是不是他的职责所在他都要采用那些原则。他拿出一大张纸，开始按常规顺序写下应该推行该原则的原因。他写了很多内容，并且气势恢宏，他确信肯定能说服别人。但为了万无一失，他开始在另外一张纸上写不应该节制纵情享乐的原因。他写啊写，越写越多，直到他为那些原因的数量和分量感到震惊。其数量很快就超过了应该节制纵情享乐的原因的数量。开始，这些数据并没有引起他的注意，结果，他越写越多。这些原因不断地被更换、变动，直到最后他用笔划去剩下的几个。尽管他现在已经忘记那个过程的具体步骤，但是，从那时起一直到现在，他对那个问题不再有任何疑义。这就是我所说的培养正确的判断。这个过程可能比一下子得出结论要慢得多，但是结果更令人满意，还会给你带来正确思考、判断的习惯。

12. 善待父母、亲友和伙伴

对于那些念研究生或者念大学的人，我想说，请记住，当你远离家人时，你可能忘记或忽略了你的父母，而他们却在时刻牵挂着你。你处在新的环境里，结交新的朋友。他们待在家里，看着你的房间，你的衣服；在房间里徘徊时，仿佛能再次听到你的声音。他们的心随你而去。用餐时，他们想起你，谈论你，他们生活中的每一天都有关于你的话题。入夜，他们对你的万千挂念化作梦魇久久不愿离去。对此，只有你对他们的关爱和慰问才能消除、缓和他们心中的症结。实际上，如果你不经常和家里人沟通的话，你就不配做一个孝顺的孩子。同父母之间的通信应该每月至少一次。在这些信件中，用轻松、欢快的语言谈谈你的感觉，就像以前在家时一样，并在假期好好地同家人交流。每个做儿女的都能表现出这样的关心，同时，在回忆家人和亲属的时候心里还会觉得暖呼呼的。这会使你的信感情舒缓，还能培养高贵、甜美的德行，抚慰亲情的心灵。常给朋友写写信，最好是定期的。不管怎么说，朋友之间的通信总是更宝贵、更有趣、更有用、更令通信双方愉悦的事情。定期通信的好处是，你知道什么时候应该写信，什么时候会收到信。

我想说几句关于选择和对待朋友的话。因为很多作家都曾就这一话题表达过看法，所以我会尽量简洁。你必须有一些，也将会有一些朋友，他们和你的关系比你和其他伙伴之间的关系更加亲密。阻碍友谊成长的两个特别困难的问题是：其一，你很难遇到真正的朋友；其二，维系友谊很困难。和认识的人发展成友谊属于第一种情况，当然这纯属偶然。那些最早伸出手来拥抱你的人，可能不会和你维持长时间的友谊。选择朋友时一定要谨慎，在允许其他人说他是你的知心朋友、在你们之间互相分享思想和秘密之前，一定要权衡利弊考虑得长远一些。所以，在选择朋友时，一定要记住你们之间的习惯、性格特点、思维模式和表达方式会互相影响。因此，一定要选择那些优秀的人做你的朋友，他们的缺点越少越好。有些人过度依赖朋友，认为他们永远不会离你而去，永远不会发生任何变化。还有一些人通过个人经验得知朋友既可能离开，也可能变化。他们会告诉你：友谊只是个名称，根本就没有多少深层含义。极端主义者永远看不到事实的真相。下面的话既充满智慧，又流露着优美：

"甜美的语言会使朋友的数量增加，友好的谈话方式会带来更多善意的回应。面对问题要保持镇静，身边的顾问也要百里挑一。如果你要结交朋友，不要急于相信他的优点，而应先深入地了解他。因为有的人是出于个人原因才成为你的朋友，而当你处于困境时是不会陪伴在你身边的。一定要将你自己和你的敌人区分开，关心你的朋友。一个忠实的朋友，会在最关键的时候保护你。如果你拥有一个这样的朋友，那么你就发现了世界上最大的宝藏。忠实的朋友是生活的良药。不要抛弃旧友，因为新结识的朋友怎样也无法和老朋友相比。新朋友就像一壶新酒，只有当它变成老酒时，喝起来才能感觉到无尽的快乐。不管是谁向小鸟扔石块，都会把它们吓跑，就像随意斥责朋友的人会破坏友谊一样。责备朋友、蔑视朋友、泄露朋友的秘密，对朋友做背信弃义的事，会使每一位朋友离你而去。"

如果你不明确地表示出你的尊重，表露出那种你不会玩弄对方感情的尊重，当然，也是一种不允许对方玩弄你的感情的尊重，那将没有人愿意长时间地做你的朋友。但请注意，尊重带来的极度亲近并不等于持久的友谊。

爱只跟随尊敬而来。如果你爱上了一个你不怎么敬佩的人，你很快就会觉得惭愧。为了拥有朋友，维系友情，你千万不要流露出对他的嫉妒，哪怕只是一点点，而应该称赞他的性格和成就。一位优雅的作家曾说："我敢说,那些只知道为自己的幸福而欣喜,却不知道是否应该为朋友的幸福而欣喜的人,是人类美德中彻彻底底的怪人。"

你总会观察到,纯粹的、持久的友谊是因心灵中令人难以忘怀的优秀品质而存在,而不是因某个人而存在。很遗憾,我给人留下这样的观点:心灵中最美好的品质不一定伴随着高智商一起到来。但令我感到满足的是,到目前为止我还没找到良好的品行不愿和高智商一起出现的原因。但是,曾有人灵活地描写到:"我不记得《埃涅伊德》(Aeneid)中那位最受人喜爱的忠实朋友的名字。在整部作品中,他要么提出建议,要么将他关心的人批评得体无完肤。"

明辨是非,是朋友之间应该具备的一项基本素质。为了拥有一位真正的朋友,你一定要确定你对他所做的事正是你期望他对你做的事。在我建议每一位年轻人都要牢牢记住考珀那些优美的、关于友谊的描述的同时,我会特别要求他将以下最主要的情感留存在心中:

"寻找朋友的人,应该是带着目的而来,为了展示他苦苦寻觅的用优雅和美丽铸就的品格,那种像盛开的花朵的品格。因为这种友谊预示着一种相互的责任。"

性格、爱好的相似性对于完美、持久的友谊来说可能并不重要。我们总是渴望那些自己并不拥有的性格特点。它们在我们的眼里很新鲜。我们有一种感觉，它们能使我们看到自己的缺点和不足。

虽然发现缺点和错误被看作是友谊的一个重要责任，但是责备对方却是一种危险的责任，必须要处理得巧妙、温和，而且不能过于频繁。总的来说，我不相信一个朋友总是盯着你的缺点并认为谴责你是件非常正当的事情。但是，支持你的追求，鼓舞你的士气，增加你的勇气一直到你超越自我，则是一个朋友应该做的。如果在家庭内部，每个人都不断地被挑毛病、被谴责，那这样的家庭里会有快乐吗？这样的家庭是幸福的吗？怎么着都不是。如果你希望你的朋友取得成功，鼓励他吧！在他忧郁或处于困境的时候支持他。在我们巩固与老朋友之间友谊的同时，不要忘记寻找新的朋友。"但当演说被用作谎言的传播工具，每个人都必须将自己同他人区别开，住在自己习惯的地方，只为自己寻找自己想要的东西时。"结果，寻找朋友的梦想落空了。

我曾经考虑过这种观点，但是我希望我所有的读者都能找到朋友，拥有朋友，拥有那种无私无畏的朋友。我知道，如果我的读者们不培养自己内心的修养从而使别人觉得他们应该被关爱，那他们永远也不会拥有知心的朋友。如果不给小树浇水、不照料它的话，小树不可能存活下来，也不可能茁壮成长。如果小树受到细心的照料，它将会在几年后结出累累硕果。当我的读者们听到如此热情的话语，如"你父亲和我是好朋友"时，他们的内心会是多么激动啊！友谊使我们分享快乐，而且丝毫没有削弱我们快乐的程度。友谊能使每一个人感受到快乐。同时，它能分担我们的重负，减轻我们的悲伤。

"你有朋友吗？真的有。那是一种坚强的支持，那是你需要时才出现的宝藏。根本不用管，却秩序井然。它会永远陪伴你，直到你生命中最后的日子。"

第三章

论学习

学习，看起来似乎是件很容易的事情。学习的地方，只需有书本、课文就够了，难道还需要什么别的东西吗？答案是当然需要。学习者还需要知道怎样学习。 一个学生除了学习不应该没有其他不得不做的事情。这个年龄阶段的他们没有任何顾虑，没有任何负担，不受任何打扰，但他们的学习进程却还是被频繁地打断，这令他们感到烦恼。造成这些烦恼的主要原因是：糟糕的健康，低落的情绪，极端的厌学，勇气的缺乏，忽视最有效的学习方法，无端浪费大量的时间用于其他毫无价值的事情，最主要的是，与生俱来的懒散。在学习的过程中，没有一个人能够不面对来自内部、外部的各种干扰而顺利地完成学业。在现实生活中，如果能在一周内找到不被任何人打断、完全连续的两个小时，你会感到很惊讶。因为这实在是难以置信的。我们的大脑一定是习惯了被抑制、被打断。但我们要有一种能力，能将随风飘舞的思绪从遥远的地方追回来，并迅速找寻到曾经的思考轨迹。随着这种力量的增加，那些阻碍对于你来说，就会显得越来越微不足道。

我想就学习这一话题表达一下自己的看法。各种看法的重要性与表达的顺序无关，我将尽量不遗漏任何真正有价值的方面。

1. 每天的学习时间

我无法明确标示出所有人学习时间的长度，因为每个个体的情况各不相同。一般来说，思维速度较慢的人需要更多的时间。在我看来，精力高度集中的学习几个小时所带来的效果要远远好于长时间精力不集中的学习所带来的效果。一个头脑正常的人，如果每天花六个小时集中精力学习，那么他一定会成为他所在领域的佼佼者。就像用放大镜将太阳光线汇聚起来生火一样，最终会迸发出思想的火花。千万不要把以放松或娱乐作为主要目的的活动称之为学习，那绝不是学习。要在早晨尽可能多的学习知识，因为那个时候大脑是最清醒的。

2. 注意学习时身体的姿势

有些人在小时候就养成了坐在又矮又平的桌子旁边学习的习惯。这是应该避免的。因为随着身体慢慢长高，肩膀到臀部之间的部分会变得越来越弱，直到最后养成弯腰驼背的毛病。所以文学界中很少有站姿、坐姿都很挺直的人。随着生命进程的延续，坐着学习的时间很自然地会越来越长，直到成为固定的习惯。没有几个人能在四十岁以后还站着学习。如果是为了创作、阅读或记忆某些具体信息，站立学习应该是一种很不错的方法。一定要保证桌子足够高，还要远离带活动面板的安乐椅，因为坐在这样的椅子里你的身体会扭曲，健康会受到损害，你将一步步走向死亡。如果可能的话，请这样摆放、安置桌子：桌面略微倾斜，当光线从后面照过来时，对眼睛很有好处。晚上，最好罩上灯罩，不让眼睛受到强光的照射。但愿经过事先精心地准备，强光直接照射眼睛的可能性在学习过程中会变小，甚至可以完全避免。如果眼睛处于非常虚弱的状态，一定不要让光线直接落在眼睛上。一定要用冷水清洗眼睛，这是每天早晨第一件要做的和晚上最后一件必须做的事情。在站立时，要尽量保持身体挺直，一定要避免胸部弯曲。衣着，甚至拖鞋，都应尽量宽松。

3. 学习要彻底

从事一个领域的研究，好似在地理上征服一个国家，要彻底地征服前进途中的每一寸土地。但是，如果在这里或那里留下一个堡垒或部分驻军没有消灭，就有可能后院起火，还得再次出兵征服那个未被完全征服的地方。学习也是如此。

某些习惯能帮助人们功成名就、崭露头角。在将这些习惯付诸实践时，人们总会不断经历痛苦的修行，以及自信、自尊的丧失与重获，所以，在实现个人最终目标的过程中，保持良好的习惯一定要彻底。刚刚起步时，进步可能会很慢——或许非常慢，但是，在接下来的"比赛"中，你将是最后的赢家。我经常看到这样一种人，他们本来头脑很聪明，却总是因判断不够准确而感到自卑和苦恼。他总是引用某某著名作家的话为自己辩护："难道伯克不是这么说的？难道他不提倡这种情感吗？""我可不是这样理解他的作品的。"一位熟悉伯克的作品又能准确理解其内涵的听者回答道。于是，他开始犹豫，辩解说，他是在很长时间之前读到伯克的那句话，大概的印象就是那样。他有没有尊重身边的每一个人，包括他自己呢？当然没有。然而，他已经养成了习惯，一遍又一遍地拖着犹豫的步子在原地走个不停。

你所掌握的知识，要比任何在认知领域内得到的猜测好许多！一堂课，一本书，只要完全理解、掌握，那它所带来的好处要比心不在焉地上了十堂课、一知半解地学了十本书要好很多。

当要提炼某个想法，或把某一点弄清楚时，要等到完全掌握或弄明白才能停下来。要从各个方面出发去考虑问题，试着用各种方式表达，不管是最好的，还是最坏的。要仔细思考，追本溯源，研究不同作者的观点。有的作者可能会提出一些相关的建议，而这正是你之前不曾想到的，还有的会具体分析每一种选择的利与弊。这样，在掌握所学知识的过程中，尽管从量的方面看进程缓慢，但是从掌握知识的质的方面来看却收获很大。在学习过程中，可能会留下一些模糊不定的东西，如果不仔细琢磨，将会导致一知半解和以后更大的困惑。

4. 争取与努力学习为伴

学习，有时对一个人来说很难，却对另一个人来说很容易。更令人惊讶的是，今天学起来感觉非常容易的东西，在另外一个时间就会变得令人厌烦、无法忍受。这是由精力集中的程度决定的。学习和时间的关系也很微妙，尤其是感觉不高兴的时候，大脑反映迟滞的时候，身体疲倦的时候，或某个部位疼痛的时候，学习的时间往往过得很慢。虽然这样，但请记住：其他很多东西都可以通过力量获得，用金钱买到，但是知识只有通过学习才能得到。

集中精力有这么多的好处，就连命中注定失明的那些人都愿意用肉眼能看到的美丽景色以及可爱的画卷和激动人心的景象去换取失明赋予他们的控制注意力的神奇力量。美国第三十四任总统，伟大的德怀特先生，曾经把自己的失明看作是上帝的赐福，因为这能使他的精力更加集中，并促使他集中精力思考。凡是想通过艰苦学习锻炼自己的头脑，通过大量思考巩固自己思维的人决不会和他所学的东西争吵。我们经常听到学生们抱怨，说他们所学的东西在以后的工作和生活中根本用不上。一个想当商人的学生说，为什么他要积年累月地练习拉丁文和希腊文？另一个想学医学的学生说，为什么他得花几个月的时间研究二次曲线？还有很大一部分学生抱怨说，他们的老师根本就不精通业务，还强迫他们学那些根本用不上的东西。实际上，这些抱怨者们根本没有明白教育的目的是什么。我们要知道，学习的最大目的是使大脑成为日后生活中的一个有用器官。虽然现在学的东西晦涩难懂、枯燥乏味，但是其中至少包含了一样以后能用得上的东西，那就是如何思考。如果让大脑尽力思考、掌握和记忆那些枯燥的东西，那么由此形成的思维能力足以让人受用一生。

一般人学完几何学之后，由于工作和生活繁忙，大量时间被占用，而忘记了书中的命题，脑子里只剩下了书名。但是，柏拉图和其他研究过几何学的人却证明学习几何能充实大脑，促进思维的精确性。这个过程是潜移默化的，即使最后"脑子里只剩下了书名。"虽然现在没人需要地志学和年代学的知识，但是将来，为了通过哲学的分支追寻哲学的轨迹，为了获得对某历史事件清晰准确的解释，为了判断某些名著中典故和比喻运用得是否妥当，会有人需要的。哲学看起来能启迪心智，就像《以西结书》中幻象里的天使一样，能带来双眼，看清人的内心和外部的世界，并将我们的所思所想带给造物主。

一位杰出的作家曾经说："在没有主见的年轻人中，最普遍的做法是：先向一位朋友征求意见，将征求来的建议采用一段时间；然后再向另一位朋友询问，照着他的答复运作一段时间；接着再去找第三位朋友……以此类推。"结果，这种做法导致的结果很不稳定，总是在变化。然而，请相信，每一个这样的本质的变化都将使事情变得更糟糕。可能会有人告诉你说，在你的生命中，有一些特定的职业不适合你。殊不知，他根本就没有注意过那些职业。实际上，不管你从事什么职业，只要坚持努力工作，一段时间后，你都会觉得所从事的职业适合你。

我们常常陷入这样的境地，认为周围的环境不适合学习，于是寻找借口逃离艰苦的学习。我们总是倾向于这样一种普遍观点，即时势造英雄——英雄们往往被环境所召唤，他们的性格也总是由环境塑造。几乎每一个人都可能是伟大、果断、高效的，只要周围的环境不断苛刻地限制他，并持续对他施加压力。人生来是懒散的，这既自然又实际，他们需要外界强有力的刺激和巨大的压力来唤醒他们的潜力，唤起他们的动力。众所周知，只有很少一部分人能取得非凡的成就，而大多数人往往平淡无奇。但是，有非凡成就的英雄们不也是处于某种环境之中吗。如果不是形势变化，我们又怎能既贴切又实际地说"时势造英雄"呢？看看约翰·米尔顿吧！是什么样的环境促使他成就伟业。失明使他远离天堂赐予人类的光明，他什么都看不见。大多数人会想，处在他的情况下，要是能靠唱小曲或者编筐挣钱养活自己就已经很不错了。但是米尔顿却给他所处的年代、国家和语言带来了举世瞩目的成就。相比之下，总有人在呼喊："我们没有良好的环境，没有机遇，没有工具，什么都做不了。"什么都做不了？是真的吗？听听名家、大师们对此都说了些什么：

"如果一个人真的热爱学习，有获取知识的渴望，那么，除了某些疾病或灾难外，没有什么能阻止他的学习进程。实际上，当人们抱怨缺少学习时间，缺少良好的方法时，他们只是在表明，他们要么是在追求其他的目标，要么是缺乏做学生的精神。他们习惯为他人鼓掌、喝彩，用羡慕的眼光仰望他人所取得的成就，而那些人恰恰就是努力学习的人。但是对于自己，他们却不愿花费哪怕是必要的时间或金钱去获取知识。或者，他们将这归咎于自己的谦卑，并在心底里为自己没有野心而感到庆幸。然而在大多数情况下，人们心中留存的要么是对世界无限的爱，要么是名副其实的懒惰。如果他们的性格中有更多的活力和果断，想弥补逝去的时光——那些没有被充分利用的时光——那么，他们就打开了财富的大门，还可以尽情地使用里面的金银财宝。如果他们非常勤勉，不断完善对时间的安排，充分利用那些被浪费的时间，我敢预言，不出三四年许多这样勤奋的人就能在某些领域取得成绩，而且，这个预言一定能实现。当一个人在思考是否应该学一门语言，还在犹豫不决之时，别人已经学完了。这就是在追求学术造诣过程中果断、活力与怯懦、犹豫、懒散之间的差异。在那些习惯拖拉、懒散的学生中，最糟糕的是当你跟他们摆事实、讲道理，使他们确信他们采取的方式不对、方向有误之后，用不了多久他们懒散、世故的习惯就会再次爆发，并在身体里起主导作用。判断有误的人总是听从别人的意见，结果在四十岁的时候，他发现自己仍然只具有三十岁人的水平；到了五十岁，他开始走下坡路了；六十岁时，他被认为很冷漠，于是，他变得愤世嫉俗，并以此回敬；如果他不幸活到七十岁，周围的人都会为此感到不安，因为他没有机会进天堂了。"（斯图尔特教授）

5. 记住：对一名学生来说，成功背后的巨大秘密，是位于坚持忍耐之后的不断回忆的习惯，即回忆所有习得内容的习惯。

　　我们已经探讨过记忆，在此我想谈谈它在具体学习中的应用。你是否曾经试着将某些想法、某些思虑从记忆中抹掉，却无法清除。你是否曾经试过努力回忆过去，或过去的某些片段，却怎么也想不起来？原因就在于，记忆喜爱自由，不喜欢被束缚，被强迫。那么，应采取的正确方法是尽量锻炼记忆力，而不是通过约束、限制使它日益微弱，因为它喜欢主动展示自己的力量。小孩子们往往主动学习拉丁文或希腊文，他们不用制定任何计划，仅凭听他人重复几遍就能记得很多单词。那些记忆语言成功者的秘密几乎都是反复诵读，直到完全掌握。例如，记忆语法时，不能长时间只做同一件事情，而应该在学习时精力高度集中，然后重复下面的过程：反复地大声朗读课文，直到课文内容通过耳朵和眼睛进入大脑，然后把书放在一边，拿出笔，将所读的东西背着写出来。在这个过程中，眼睛、耳朵得到锻炼，大脑得到机会去思考每一个字的写法、读法和音调。开始时过程可能会比较慢，但最终会实现既定的学习目标。这种方法既有助于掌握所学知识，还能激发勇气。至少，在新的学习过程中出现的问题不会再像以前那样令人感到不寒而栗。

语法学习过程中的巨大困难在于相似的字或词，尤其是它们同时出现的时候，其相似性往往令人感到困惑。例如，我走进一家珠宝店，面前的一个柜台里摆了二十块手表，每块手表都有不同的名字。在当时你可能对每块手表的名字有印象，然而，一夜之后你再去区分它们就很难了。但是，假设你连续五天每天都去那家珠宝店，每天都仔细验看其中的四块手表，听珠宝商具体介绍每块手表的特点和与其他手表的相异之处：第一块表比较普通，他向你解释表的运行原理并展示了表的构造；第二块表的控制杆很特别，他向你说明这块表如何与前一块不同；第三块是石英表，其零部件当然更不一样；第四块是航海表，同你以往见过的表截然不同。他告诉你每一块表的特点，还把它们放在一起比较。第二天，你先回顾、回想他昨天告诉你的关于表的所有信息，包括每块表的名字、特点和价格，然后，再用同样的方法研究另外四块表。每天都重复同样的过程，先复习前一天所学的内容，再学习新的内容。最后，到第五天的时候，你已经能记住每一块表的名字和功能了。现在，用同样的过程和方法学习语法，就再也不会记混了，也不会忘记你想记住的东西了。

威特巴赫一学习起来就不知疲倦。他说，将不断复习的方法付诸实践"会为你的进步带来令人难以置信的效果"，但他还说"那必须是真正的彻底的复习，即不断重复的复习。我的意思是，每天都要复习前一天所学的内容；在每周的最后一天，复习整周学习的内容；在每个月的月末，复习整个月的所学。而且，假期时应反复复习所学的课程。"这位伟大的学者一次又一次地对他的学生说："如果你愿意遵循我的建议，那么做一个类似的计划，每天花一个小时，或至少几十分钟去做这样的学习。"我想加一句，每天用一刻钟复习、回顾，纵然不会使人对毕生所学都记忆犹新，但却会使他的学习状况有所改善。开始培养这个习惯时可能很恼人，但那只是在开始的时候。"在阅读和研究色诺芬的《大事记》时，我制定了一个规则：每次开始新的部分之前，都要重读前一部分。最后，用这种方法读完整部作品之后，再重新从头到尾读一遍。虽然费了三遍力气，但是结果证明这样不断地重复是对我最有好处的一个办法。当我读完两遍，开始新的一遍阅读的时候，我有一种冲动，要冲破一切阻碍读下去。我就像一艘战舰，得到船桨传来的动力，在水手们停止划桨之后仍然向前行进，就像西塞罗对类似情景的比喻那样。"

6. 学会利用多样性学习使大脑得到放松，而不是靠完全停止学习使大脑休息

没有谁能够做到长时间保持精力高度集中去思考问题或学习研究，因此，大多数人在休息放松时，总是将需要处理的事情抛之脑后，而不是想办法尽量节省时间。例如，你在学习《荷马史诗》或研究代数时，可能一次用时二至三个小时，然后身体就开始感到疲倦，大脑反应速度变慢。于是，你停止学习，将书放在一边，休息。休息的时间和学习的时间一样长。时间就这样被浪

费了。在这个过程中有一点被忽略了，那就是——多样性和赋闲一样可以使大脑获得休息。放下代数书之后，当你拿起罗马历史学家李维或古罗马史学家泰西塔斯的书时，你会惊奇地发现，你的头脑很清醒。

我们都想知道我们的祖先和现在的德国人是如何做到每天学习十六个小时的。若不是学习一个科目学到大脑疲倦后，换成其他方面的学习，使大脑感到放松，没有谁能够做到一天学习那么长的时间。这就是有效利用时间的人和浪费时间的人之间的差别。成就伟业的那些人几乎都采用这个计划。这应该能解释为什么一个人能同时拥有几个办事处，涉及不同的行业。各行业所需要的才能和努力也似乎没有太多联系，但他却能把不同办事处的业务和具体事宜处理得很好。他就是这样断断续续的忙碌，断断续续的休息。

用这种方法，著名的古德博士在四十岁之前从职业职责和职业道德出发，不停地创作，发自内心地渴望工作。虽然辛劳，但他终于在散文写作方面取得了成就。他掌握了至少十一种语言，协助编写了十二卷的《通用字典》(Universal Dictionary)，创作出著名的《巫术的研究》(Study of Medicine)，还经常创作和翻译诗歌。他的《自然论》(Book of Nature)给读者留下一种富于变化、知识准确的印象。他没有因职业的多变和压力感到困惑，而是同时进行几项要做的事情，而且没有一项被忽视，或半途而废。克拉克博士说："古老的格言'同时做太多的事情会得不偿失'是个巨大的错误。你不可能同时有太多的事情要做，所以，让手头的事情同时进行吧！"大脑飞速运转很快就能把空想的习惯击得粉碎，因为大脑异常繁忙，没有时间空想。就算某些学习和生活的变化不会给人带来任何物质上的收获，但它却能给人带来一种满足感，一种在处女地上探索的满足感。

第四章

论阅读

世界上所有的名人雅士都有一个好习惯——阅读。若是缺少了这个习惯，没有人能够达到出类拔萃的程度。培根曾说过："读书使人明智，谈话使人机敏，写作使人精确。"若不是大量、彻底的读书，他所说的明智永远也不会实现。个人天赋、想象力和创造性思维都无法弥补阅读的欠缺。为了使头脑充满活力，你必须吸收前人思想中的精华，不断地更新头脑、充实头脑。我们总是希望思维能不断运转，新的思想层出不穷，或者，至少用有气魄的思想武装自己。阅读和思想的关系，就像人与食物或血管里汩汩流淌着的鲜血的关系。一个不爱阅读、不潜心读书的人可能会对大量的观点感到厌烦，甚至失望。但如果不阅读，你可能永远也不会成为培根笔下"明智的人"，就像缺乏营养会导致不健康一样。只坐在那里空想是不明智的，就像被切断支流的密西西比河，仅凭降雨补充的水分不能浩浩荡荡地涌入大海一样。

有些人喜欢读充满想象力的作品，或者现在被称为轻文学的东西，而很多充实的思想却被认为是枯燥乏味、令人生厌的。年轻人很灵活，但他们总是禁不住诱惑，总是为了消遣而阅读。

阅读的目的可以分成几类。学生们阅读是为了从繁重的学习中解脱出来，轻松一下。这样，他们可以恢复活力，振作精神。他们在阅读的同时，解读人类的历史和经历，并探索人在不同的环境下是如何生活和怎样对外界影响做出反应的。根据这些，他们得出自己的结论。于是，他们的视野更宽了，他们的判断更加准确了。他们对历史和现实的深入体验进一步丰富了自身的经历。他们阅读的主要目的是：获取信息，积累知识，以备不时之需。他们还希望将所读的书籍按类别安排，以便随时选取。他们阅读的另一个目的是风格——学习强健、有点儿神经质却又文字俊美的作者是如何表达自己的思想感情的，即研究作者的写作风格。

显然，要实现任何一个阅读的目的，除了简单的娱乐外，还需要细嚼慢咽、仔细琢磨。你可能会发现，有的人读了很多书，头脑中有价值的知识却少得可怜。图书馆常常被客观地称为学习者的天堂。速读者读书时往往不够连贯，他们可能读得很快，但是掌握的却很少。所以，速读者和真正的学者之间有着巨大的差异。一个洞悉人类本性的人说，他从不惧怕和家中有很多藏书的人谈话，他所怕的是与那些没读过几本书，却思前想后，头脑急待充实的人。这样的评述千真万确。对于处在人生之晨的学生们来说，阅读是提高他们自身修养的最好途径，他们必须仔细、认真、有计划、有选择的阅读。我们的胃能一下子大量地接受和消化匆忙吞下的食物，并为身体汲取营养吗？不能。同样，我们的头脑也不可能一下子吸收突然摆在面前的大量知识，并从中受益。

古代的人需要用彻底和执着来弥补他们缺少书籍的弱点。那时，人们只有用笔将书抄写下来之后，才能真正拥有一本书。只有那些为了拥有一本书而去抄书的人，才有可能真正理解书中的道理。在印刷术发明之前，书籍的数量很少，以至于很多法国使者被派往罗马，寻求西塞罗德和昆体良等人的全部作品，因为这些人的完整作品在法国根本就找不到。艾伯特，赞不勒斯的修道院长，用常人无法想象的努力和金钱搜集了150卷藏书，这被看作是一个奇迹。1494年，温切斯特教堂主教的藏书仅有17部书。当他从圣·斯威辛女修道院借《圣经》的时候，他做出郑重承诺，保证完好无损地归还所借书籍。可见，在当时书籍是何等的珍贵。

公元1300年以前，牛津图书馆里只有一些宗教方面的小册子，还被锁在小箱子里，并用锁链拴住，以免丢失。14世纪初，法国皇家图书馆只藏有4部名著，以及宗教方面的一些作品。

可能时间越久远，书籍越少。知识分布在各个方向，真理可能就藏在自己家的井里。或许，这就是为什么莱克格斯和毕达哥拉斯被派往埃及、波斯和印度，学习转世轮回的学说；索伦和柏拉图前往埃及，学习埃及文明；希罗多德和斯特雷波被派去寻找他们游学时的地理路线。那时候，没有谁敢装模作样地说自己拥有大量的藏书，正是这些谦虚的人使热爱知识的人们受益。虽然书籍匮乏，但那时的许多学者的水平都能超过现在的我们。我们无法写出荷马笔下雄壮的诗篇，也不能用修西得底斯的语言描述历史。我们没有亚里士多德和柏拉图的文采，也没有德摩斯梯尼那激动人心的雄辩术。他们在绘画和雕塑方面远远超过我们，并留下了很多作品。他们留下的书很少，但是，那些书却令人久读不厌，值得细细品味。他们在创作的过程中将自己的才华发挥到了极致。那些不能从自己的甘泉中获得灵感的人，也不会在从邻居那儿借来的井水里寻找到收获。我们中很多人在选择读物时根本不考虑哪一种书籍会带来什么样的结果。所以，就算读了很多，也不会有多少价值。对于阅读，有这样一句很有用的话："不求多，但求精。"

警惕劣等书刊。有些人穷尽一生所写的书，只是一本本腐蚀、毁灭子孙后代的书。如果这种书四处泛滥，我们的子孙后代就会把说谎当作家常便饭，并认为这是应该提倡的道德。黑暗精灵只有在智者肯出卖自己声誉的时候才会感觉到无与伦比的快乐。这不仅在于他们放纵自己，更在于他们装饰和隐蔽了一条到处是陷阱的路。一旦有人掉进陷阱，就会送命。要不是因为有这样一种可能性，即歪曲地选择、使用书籍可能会腐蚀和毁掉书的读者——这似乎是地狱里恶魔的杰作。书是可以根据某些信息和原则选择的。粗制滥造的书无处不在，所以我告诫年轻的读者们：一本这样的书都不要看，甚至连翻都不要翻，因为它们会在你的灵魂深处留下一个永远也擦不掉的污点。

人们应该对拜伦的书作何评价呢？年轻人该不会没读过他的书吧？是不是在他身上学到了其他地方学不到的东西呢？有位作家的回答是肯定的：读拜伦的书，就好似你一边在熔岩上行走，一边学习其他地方没有的东西。但是，这样获得的知识真的就值得我们承受火中穿行的痛苦和留下伴随一生的疤痕吗？温暖的空气从灼热的火炉扑来，尽管火炉里明亮、通红，但当你长时间盯着炉火看的时候，也会产生不良反应。这样的作品的确有许多亮点，但是在一丝智慧之光闪入我们的大脑之前，它经历了漫长的黑暗。泥泞的海底有许多亮丽的珍珠，但是他们散落在各个角落。如果花很多时间潜入海底寻找它们，你可能会陷入埋藏珍珠的泥里，并死在那儿。或者，你没死，而那个过程无疑会缩短你的生命，并加重生活的痛苦，你是否仍然会觉得你所做的事是值得的呢？

　　如果有人为你的学习提供一切便利条件，并用美丽的饰物装饰，同时，他还向你描述某些令人生厌、令人敬畏的形象或物体，这些会影响你的整个人生，你是否会感谢他呢？如果一个人到处留下闪光的思想或诗的意象，但是当你蹲下身去拣拾的时候，他却用链子将永远也无法摆脱的腐尸绑在你的身上，这样的人是在为社会做贡献吗？我相信，虽然拜伦的作品很不错，但是从其作品中随便选出一页，都能找到毒害年轻人头脑和心灵的句子。很快，他将不再是公众关注的焦点，他的作品也会慢慢地从有德行的人的藏书中消失。迂腐的东西像过眼云烟一样存在一段时间后就会消失得无影无踪，这是全世界的幸运。人们可能会盯着那些被链子锁着的尸体看一会儿，并感到阵阵恐惧，但不久就会将视线移开。他们是如此地讨厌这些东西，甚至会将悬挂尸体的绞首架挪走。

　　"但是，"你可能会问，"那位作家真的读过拜伦、穆尔、休姆、佩因、斯科特、布尔沃和库珀的作品吗？"是的，他们的作品他都读过，而且读得很仔细。他了解他们的作品，就像知道沙漠里的每一块岩石和每一处流沙。他向你庄严地宣布，他深知他从那些作品中得到的唯一的好处是——他的头脑中留下了一个深刻的印象，即在玩弄权术和计谋方面很有天赋的人在运用他们的权力和计谋时可能会心生邪念。一旦他们做了邪恶的事情，总有一天要面对最后的审判。那些通过写作来展示他们是如何纵情欢乐的人，那些倾尽毕生的精力讽刺同类的人，还有那些虚度年华只求博得他人一笑的人，绝对无法回答人类生存和存在的哲学问题。人们的才华和影响力总是因人生目标不同而迥然相异。

但是，读这样的作品，尤其是读那些仅用来取悦他人的作品有必要吗？没有。就像吃饭时没有必要用各种精致的盘子取悦食客，削弱胃的感受一样。如果世界上只有这些书，情况就会糟糕透顶。

怎样才能知道该读什么样的书呢？这是一个很重要的问题，因为有些书即使不毁掉你，也会给你带来深深的伤害。在这个拥有大量书籍的时代，不要奢望读遍天下所有的书，哪怕是读遍别人推荐的一小部分书籍。拿起一本书，只读其中的一章，却未通读全文，你是怎样知道这本书是否值得一读呢？同样，你只要尝一口就知道一桶葡萄酒的好坏。如果喝一杯就发现它平淡无奇，根本不合你的口味，那么还有必要非得喝完整整一桶葡萄酒再决定是否购买吗？"在短短的一天里，还有分配给我的其他工作要做，而不是读那些毫无价值的作品。我读书的时候，希望能收到好的效果。有的书观点互相矛盾，因此选择好书是我的首要原则。你肯定不会说：'我一定要读写得很烂的书。'如果有人告诉我他能完美的论证二加二等于五，我一定会选择做其他的事情而不是和他一起探讨这个问题。"但是，有一个更便捷的途径，一种更安全的方法，即用对待药品的态度对待书籍，等别人试完了，就知道它的价值了。肯定有人推荐一些比较标准的作品，对于这些作品的价值既没有怀疑，也不会产生误解。你不可能读过所有的书，如果你真的读了，也不会长多少见识的。那些没用的东西只能埋葬你精心积累的一切有价值的东西。永远也不要觉得读不知名作者的作品是一种责任和义务，也不要指望从那些主流思想都已经尽人皆知的作品中挖掘到更深层次的东西，尽管你有这样的希望。如果你执意那么做，你会失望的。读书有如走路，如果它让你走了很长一段泥泞不堪的路，路上又没有让你耳目一新的亮点，这本书的作者实在是太傻了。放下这样的书吧，你会找到更好的！

怎样开始读一本书呢？就像吃东西之前总要先看看盘子里是什么，尝一尝，然后再吃吧。读书也一样。先坐下，看看主题页，再看看作者是谁，他在哪儿生活。想一想你是否了解作者的生平。再看一看书是在哪里出版的。你是否知道该出版商出版书籍的主要特点。回忆一下其他人对这本书的评价。然后，读读前言，看作者写这本书的主要意图是什么，他是怎样评价自己和他的作品的，他为什么敢大胆地向大众观点发出挑战。再看看目录，了解他的作品主要由哪些部分构成，以及他编排各部分的总体计划。接下来，读一章或一部分，看他是如何划分和充实这一部分的。如果你想在读具体内容之前先品尝一下"菜肴"的味道，那么把书翻到讨论重要问题的那一部分吧，看作者是如何处理的。如果这样试了几次之后，发现书的作者表达问题时含混不清、语言乏味、观点迂腐、缺乏深度，那就没必要再细读这样的书了。在这种书里是不会有什么新发现的。即便有，也是一些无足轻重、没多大用处的发现。但是，如果你发现作者的观点很有价值，能够引起你的注意，那么，翻回去看看目录，一章一章的看。然后，合上书，看是否能将整本书的规划、安排了然于胸。如果这一步没有完成，就不要进行下个步骤。只有在你将这幅图完整、清晰地印在脑子里之后，才能翻到第一章。开始阅读吧！每读完一句话，问问自己："我读懂了吗？该句是否真实、切中要害？有没有一些有价值的、我应该记住的东西？"每读完一段，也应该问自己同样的问题。仔细咀嚼每一段，直到脑海里留下深刻的印象。同样的方法也应该用在读具体每一章的内容。读到一章的结尾，回头思考一下作者想通过这一章实现什么目的，以及他取得了什么样的效果。如果书是你自己的，或者书的主人允许你在书上涂涂写写，那你可以一边读书，一边在页边空白处用铅笔写下你对某一段或某句话的理解。为了阐明我的意图，我列出一些自己觉得比较有用的符号，这些符号或类似的东西，会帮助我们实现阅读的目标。

|	此符号表明该段落含有本章需证明或说明的主要观点或主要观点之一，这些观点就像链子上的一个个铁环，环环相扣，贯穿始终。
<	这种情感是真实的，会继续发展下去，还会无限延伸。
>	这经不住实践的考验，所以是错误的。
?	这种情感不真实。
? !	所采用的事实有疑点，不可靠。
S	好，所选用的事实能够支持论点。
ƨ	不好，所选用的事实不能支持论点。
Φ	与主题无关，最好删掉。
θ	重复，作者在原地转圈。
◫	出现的位置不对。
O	很有品味。
Θ	没有品味。

　　符号也可以根据个人的喜好增加，但我个人觉得上面这些就足够用了。这些符号不一定非采用不可，如果不喜欢，读者们也可以自己发明一些符号。但是一定要注意用同样的符号表示同样的意义。这种方法会减慢阅读的速度吗？会，它会使阅读速度变得很慢，但很有价值。一本这样读下来的书，绝对值得你多付出时间和精力。它促使你一边读书，一边思考、判断、辨别，最后将有用的东西从大量的信息中筛选出来。它会帮助你形成自己的想法，留存在大脑里，将来任由你使用。为了把所读的东西变成自

己的，你需要做的事情是，边读边想，合上书之后还要接着想。

同朋友谈论所读的主题也很重要。坦率地告诉他，你在读书。这样，他就知道，你不会谈论你已经完全接受的观点。如果已经形成了一个圈子，里面的几个人都想通过谈话将所读的东西牢牢地记住，那效果就会好得多。

"思考，然后表达出来，会使人有更多收获。我们在教的过程中学，在给予的同时得到。"

如果碰巧你和你的朋友读的书一样，或者一个人读给另一个人听，那么，交流的好处会大大增加。

不要浪费大量的时间回顾你所读的内容。很多知名学者认为，人有四分之一的阅读时间是这样浪费的。我认为，这个估计的数值还不够大。但是，如果看一下页边用铅笔手写的符号（上文已经提过）或某些评论，你就能在很短的时间里回顾作者的观点和你自己的判断，这样用来回顾的时间是不是就不那么长了呢？只要看一眼，就知道每段的主要特点是什么。你很快就能发现你要钓的鱼在哪儿，是一条什么样的鱼，于是，你可以立即下钩把它钓上来。

阅读时，还有一件事情很重要，需要注意，即读书要分类。我们需要一种力量，将读过的所有值得记忆的东西保存在脑海里，但是就我们目前的存在状态而言，我们还不具备这种力量。

我们无法写出或复制我们读过的东西，因为我们只能记住一小部分内容。我们应该怎么做呢？对我来说，我已经形成习惯，给读过的书加索引。把书分类后，就能很快找到读过的书，能说出它在哪儿，还能说出我要找的内容在书上哪一页。这样既省去了不必要的劳动，又节省了一切可能节省的环节。将这样的计划坚持几年，你就会收获到惊人的财富。一年的努力和收获会使你相信，要是眼睁睁看着这样唾手可得的好处在眼前消失得无影无踪，那真是得不偿失。

对于那些如洪水般涌来的报纸和杂志，我们应该说什么呢？没有什么比轻浮、邪恶的东西更能毒害学生们的思想。可能读些被称为时尚的报纸、杂志或评论性文章被认为是一种时尚，但是作者在创作的时候并不打算让读者记住这些东西。所以，你读了几个小时以后，很可能什么收获都没有，只是往脑子里塞了一堆模糊、没用的东西和意象，而这些东西恰恰削弱了你的记忆力。这样的东西，学生读得越少越好。

还有一件很重要的事情需要牢记，就是在阅读的过程中，一定要在旁边放一支笔，不仅仅是为了编制索引，还有助于记下你读书后的心得和所思所想。你是否注意到，在你读书的时候，大脑飞速运转，碰撞出思想的火花，新奇、大胆的想法接连不断，很值得细细品味，如果不用笔记录下来的话，他们就会像风中的种子一样四处飞舞，最后消失得无影无踪。聪明人会仔细珍藏那些他继承和创造的精神财富。学生们更应该这样，因为这会给他们带来更多的好处。

如果不谈一谈我认为很有用的阅读三方面，我真的不愿意结束这一话题的讨论。

1. 阅读有助于形成个人风格

人和人之间的思想互相影响、互相作用，如果让自己的思想受别人控制，哪怕只是短短的一段时间，也是不可能的。如果你想用高雅、谨慎、庄严的风格写作，你能否做到在读约翰逊的作品一个月之后，写作时只是部分的受其风格的影响，而不是完全被他的风格控制呢？如果你想用纯洁、简单的风格写作，可以多读几遍约翰·班扬的《天路历程》，然后就能写出类似的作品了。你可能和一个人手挽手、肩并肩地一起走过好几天的路程之后，对他的步伐、步态一点都不了解吗？我们的头脑总是不知不觉地从那些和我们交往的人那里吸取新鲜的东西，不管是声音的，还是书面的。因此，读优秀作者的优秀作品很重要，尤其是那些在各个方面都能给人留下美好印象的作者。书籍有助于学生培养智力和形成自己的道德行为习惯，它的作用比其他任何事物都要大。一本坏书会不停地干扰你的生活，带来偏激的观点，影响你的思维和语言，而且更糟糕的是，这种影响会贯穿你的整个人生。听听著名的波特总统的声明吧："如果允许我谈一谈我学习神学时的经历，我会说，在我成为牧师之前，我会反复研读神学作品，并不断琢磨。我因这些作品给我带来的影响而心怀感激，程度甚至超过其他所有人类社会的精神产物。"

一位偶尔写写诗的女士告诉我，她抄写、研读诗歌一段时间后，她就能写诗了。这种下意识的、不知不觉的模仿有利于提高写作水平。如果你想做这方面的训练，我建议读一读名家名作。千万不要读那些破坏你写作风格的东西，因为它能干扰你一生。

2. 阅读有助于积累知识

积累知识是阅读的一个伟大作用。当我们呱呱坠地时，一无所知，只能通过阅读了解历史，学习他人和前辈的经验。无论时空如何变化，人类的本质总是一样的。大脑思考的规律，事物发展的规律不会变。人生短暂，只有正确使用书籍，我们才能扩大知识面，对人生做出准确的判断，改变千百年来，靠个人经验在黑暗中前行的状况。有些人穿越大西洋只是为了获得关于某些事情的描述，读完这些文字可能只需要两个小时，而获取他们的人可能需要几年的时间才能把他们带回来。典雅、热情的巴托兰说："没有书，上帝也会沉默，正义也会休眠，医学也会停滞，哲学也无法立足，信件再也不能表情达意，所有的一切都将陷入永恒的黑暗。"

你不能只读书不思考，不能只把书看作是知识的唯一源泉。你还得思考，将书上的内容同具体实际结合起来，这会使你终生受益。今天读的东西很快就会逝去、消耗、被遗忘，所以，你必须不断用新知识来充实自己的头脑。

3. 阅读激励我们前行，促使我们思考

懂得如何将阅读得来的知识化作自身优势的人能增强自身的脑力和思维能力，就像交流和训练使动物变得更聪明一样。伟人的思考轨迹就像书页上的文字，将一切娓娓道来，既不太激动，又不会轻易被改变。同时给人一种感觉，他能做些事情，将来也一定会做些事情。

我读的书不多，但总会合上书，反复思考，彻底地理解书中的道理。多少买一些自己喜欢的书，但不要超过你的承受能力。你总不会快乐地欣赏自己不喜欢的东西吧！读书时一定要用自己的头脑思考。一段时间后你就会拥有大量的精神财富，为你的知识储备增加新的有价值的东西。

第 五 章

时间的重要性

在我提到的有关时间的要点中，这一点最难阐述。明确地写出时间的缺点和优点是很容易的事，但是要提出如何改善时间的特殊法则就没有那么容易了。但这也要比合理安排时间、下定决心尽可能地充分利用时间更容易些。通常情况下，一个吝啬鬼变得富有，不是因为他有丰厚的收入，而是因为他在花钱时总是那么小心翼翼、谨小慎微。以下箴言不仅教会我们要在一日之晨就开始尊重时间，而且教会我们不要等到晚上才开始学习。"思考这个问题是一项艰巨的任务。时间是最为珍贵的东西，即使是一个极为慷慨的人也不会对时间的流逝熟视无睹。塞尼卡说：'贪婪是一种美德。'试想，适当的节约可以获得多少时间，结果是令人惊讶的。"

没有人会试图改善时间的使用，除非他意识到时间的重要性。根据最精确的计算，我们只有很短暂的时间学习所有的东西，做所有的事情。在每天的开始，我们就要思考今天在睡觉之前要做些什么，完成多少事情，然后立即开始实施计划。要注意我们在哪个部分没有完成计划。印第安修行者那里有很多关于教育信徒的一些幽默的描述，从中我们可以学到很多东西。二世纪哲学家阿普列乌斯曾这样描述："在晚饭开席之前，主人将会询问在座的每一位学者，这一天他们都是如何利用时间的。一些人回答说，他们被选为仲裁人，他们解决了人们的分歧，让他们成为朋友；一些人回答说，他们执行了父母的命令；还有一些人回答说，他们发现了一些新的东西或是从他们的同伴那里学到了一些东西。如果有人没能很好地利用他们的时间，这样的人就会立即被赶出去继续工作，而剩下的人就可以用餐了。"

没有什么比养成睡觉习惯更容易的事情了。我们的生理系统每天需要 8 到 10 小时的睡眠。如果不睡觉，身体就会感到不适。物理学家认为，6 小时睡眠对于健康来说足够了。这 6 个小时是指从你躺到枕头上闭上眼睛的那一刻算起。假设你每天睡 7 个小时，并严格遵守这个时间，那么你所拥有的时间要比睡 6 小时的你少了很多。你把这 7 小时以外的时间都用到学习上了吗，你的学习有没有取得进步呢？但这还不完全是浪费时间的问题，你身体的整个系统会因睡眠过多而恶化。如果你不适应紧张的学习，在 9 到 10 个小时的睡眠之后，你就会感觉胃里好像装满了食物一样，身体和大脑都受到了影响。减少两个小时的睡眠，赋予这两个小时更多的价值，让大脑获得更多的能量。减少睡眠，你就会有更加明显的收获。如何来评价饭后的睡眠呢？用几个词来形容就足够了。如果你希望有一种迟钝的、发烧的感觉，精神萎靡，筋疲力尽，头疼，一个拒绝工作的胃，那么吃一顿丰盛的晚餐，然后马上去睡觉。但是作为学生，如果继续这样的话，你的命运将会被你的习惯所牵制。

懒惰与懒散、闲散有所不同。懒惰主要是指一种迟钝的、不积极的状态，把现在应该做的事情拖到未来的某个时间。除非你的行为循规蹈矩，并且有责任感，否则这种状态将时时刻刻困扰着你，让你的学习变成一种责任而非乐趣。

懒散是因灵魂的生锈而产生的，是我们闲散本性的组成部分。

我们最大的错误就在于总是感觉自己不能做任何伟大的事情，除非我们把所有的时间都用在这件特别的事情上。"如果我有时间坐下来一天一天，甚至一周一周地审视这个问题，我就能做这件事情。"但是，你能用那些通过熬夜或是剥夺早晨的睡眠时间而收集来的琐碎时间做些什么呢？琼丽夫人告诉我们，法国皇后的侍女需要在晚餐之前在餐桌旁等待她的女主人15分钟。每顿晚餐都节省出15分钟，加在一起就是写一两卷书的时间。只要节省你现在放弃掉的每一分每一秒，你就会很容易地做成很多事情。在每个人职责范围内最忙碌的阶段很难有空闲时间，而这些空闲时间也在追求目标的过程中被浪费了。时间并非一架大型手摇风琴，简单改变琴键就能改变音调。博学多识的伊拉兹马斯把生命的大部分时间都用于在世界各国游走、赢得支持的承诺，而这种承诺只是用来浪费他的时间。

希望我在这个章节中所说的话可以让你了解学习的意义，并且形成快乐学习的习惯。很多人会学习一些没有实际用途的东西，和他们所选的课程也没有必然的联系。这些东西是没有意义的。但你却花费时间去学习他们，目的是什么呢？

音乐、绘画以及类似的东西都是没有实际用途的，但是有多少人把他们的时间浪费在他们的追求中，放弃了一些可以取得其他成绩的机会。

当思维疲倦时，我们把时间丢失在追求学习的过程中。当思维和身体都筋疲力尽时，把注意力转移到其他学习中，精力很快就会得到缓解和恢复。

由于拖延时间，我们的学习充满压力。如果你允许自己被学习所驱使，那么你就不可能让思维放松下来。如果你总是把工作拖到最后一刻完成，你就不是自己的主人。

一个人可以用一个下午做一天的工作，但是如果把工作拖到下午，那么整个上午你都会不开心，而下午又会工作过度，甚至要工作到晚上。匆匆忙忙做事，无论思维多么活跃，也不会把工作做好。上午的时间不应该用来闲逛，而应该用来工作，因为你可以在晚上恢复体力。遵守时间安排是最为重要的。就好像是工人把东西打包好装进盒子：一个好的包装工人要比一个差的包装工人装的多。这种方式产生的冷静思维是遵守时间的另一个产物。一个思维混乱的人总是匆匆忙忙的：他没有时间和你说话，因为他打算去其他的地方。但当他到达那里的时候，对他的生意来说已经太迟了。遵守时间有利于塑造人的性格，"这样的人已经做了预约，我就知道一定会遵守约定"。一旦遵守时间这一美德传播开来，约定就成为了债务：如果我和你做了约定，那么我就欠你的时间，我没有权利浪费你的时间。

不要我把时间浪费在我们永远不可能完成的计划和学习上。

如果在生命的早期我们就养成不按时完成工作或学习的习惯的话，惰性就会滋长。一个朋友塞给我一堆文件，这些文件原本属于一个被认为是天才的人。但问题是——"这些东西值得出版吗？"诚实的答案是"不"。他几乎没有完成一件事情。这是一首刚刚开始写的诗；那是一首即将完成的十四行诗；那是对日食的计算，大约完成了三分之二；这是一篇刚刚开始写的作文；这是一封写了一半的信。显然，他拥有非凡的智力，甚至是一个天才，但是他的这种习惯使他永远不能闻名于世。这是一个基本规则——永远不要开始不能完成的事情。你应该把所有的时间都用在你所希望有所收获的事情上。每天做一些事情，就要按时完成。

有条不紊对于我们正确分配时间是非常重要的。一个不停转动的轮子可以带来巨大的能量，但是如果其中一个轮齿损坏，紧接着就会有另一个损坏，那么整个机器将会受到影响，直到最后成为碎片。因此，如果你试着有条不紊地安排你的学习，无论何时出现问题，你都能够应对。

人们把太多的时间浪费在衣着上。有些人每天早晨会用1到2个小时刮胡子穿衣服。他们在一生中都做了些什么？他们有光滑的脸颊，他们看上去很整洁，但是他们却从来没有做一些值得称道的或是伟大的事情。衣着整洁是值得表扬的，但是没有办法把一车的木材都刷上油漆，如果我们想要带着这些木材翻山越岭的话。

我将会从另一个角度说明锻炼的必要性。如果这些锻炼是不能令人精神振奋的，那为什么会有那么多人把这么多的时间花在运动上，并称之为娱乐！

一些人在年轻的时候就陷入罪恶的泥潭，犯下不可饶恕的错误，从而毁了自己，产生了深深的自责。这并不是我们这种受过教育的大多数人的历史，但罪恶总是徘徊在我们的门前，罪恶使年轻人在他们的人生旅途中浪费了很多时间。整个晚上都在闲聊吸烟中度过，看上去是很短的一段时间，但是当生命终结的时候，我们会懊悔我们浪费了多少个晚上！学生们是如此挥霍时间，人们对他们的行为感到惊讶。他们对别的东西也是如此挥霍吗？

总而言之，我认为你的时间既不应该被白白浪费掉，也不应该用投机取巧的方法掩盖你浪费时间的事实，没有人希望你通过每天的祈祷来帮助你改善时间。在一本关于祈祷与学习的书中，一位院长在清晨向上帝祈祷保佑你的学习。他会让你安排你所有的时间。在晚上，你对这一整天进行回忆，哪些地方没有尽到职责，这一天你都做了些什么，漏做了什么，良心告诉你应该做些什么。有多少人，当他们躺在死亡的床上时，他们会陷入深深的自责中，这是用语言难以表达的！据说，一位临死前的皇后哭着说："一寸光阴一寸金！"她浪费了多少寸光阴？声嘶力竭的呼喊已经太迟了。一个人在临死前说："哦，让时间倒转吧！如果你能让时间倒转，我就有了希望。"但是时间已经一去不复返了！

第六章

论谈话

假期里，学生们参观某地后，在回家的路上，一个学生对他的伙伴说："我们度过了一个多么令人愉快的夜晚啊！""是啊，我从没想到我能度过这样一个愉快的夜晚，然而我却无法确切地说出那令人愉快的原因。从整体上看，我们似乎都很高兴，从个体看也是如此。但是对我个人而言，我一直沉浸在和那个陌生人的谈话中，以至于没有注意到其他人都做了些什么。"

"我也是这样，他似乎拥有着非比寻常的谈话的魅力，我不知道它是什么。"

这就是那个晚上快乐的秘密所在。在这个圈子里，有一个人，依靠头脑中的智慧，来控制整个谈话，并使它令人愉快。

我们最不应该忽略的是培养主宰谈话的能力。然而，很少有人知道和了解那些在谈话过程中有助于获得快乐和好处的方法。那些知道如何妥善处理谈话的人，拥有一种能力，使他在各种场合都能受到欢迎。

某人介绍陌生人与你认识后，在短暂的时间里，你发现他很令人感兴趣。你听他说话，结果忘记了时间，惊讶地发现时间流逝得很快，转眼间，他就要离开了。那是什么使他这么令人感兴趣呢？是谈话的力量。

这种交流方式的好处在这里不需要详细阐述，这是由英明的造物主为快乐的人在任何场合都能应付自如而设计的方法。正像造物主的所有作品一样，它很简单。人与人之间的对话，是传递思想时通用的工具，是迄今为止所设计的最好的媒介。我们现在要做的是我们怎样培养使用这个工具的能力。每个人都能感觉到知识的重要性。如果你想引起某个朋友的注意，或者你想给他留下深刻的印象，那就运用你说话的能力。首先考虑他的情况，他的处境，他的性情，以及他想给予自己的是什么，然后你再考虑运用什么方法打动他。接下来去找他，通过你的语调、声音，尽量使他相信你是他的朋友，告诉他你的恐惧和脆弱，就像你先前计划的那样，向他敞开你的心扉。在交谈的过程中，若竭尽全力运用你最好的、最恰当的方式，却仍不能走进他的心灵，那就没有办法了。

如果你希望获得某一特定主题的信息，你有一本能够获得相关内容的书，也有一个完全了解此信息的朋友，那你为什么要去找那个朋友和他交流，而不是在书上寻找答案呢？因为你知道后者是获得信息的最令人感兴趣、最容易的方式。你可以就某一特殊点提出问题，你可以说出你的不同观点，与他的观点相比较，不久你就会知道所有你想知道的答案。

详细的考察，然后了解这个主题，不要只是考虑不犯任何错误，而是要使之成为你的技能，成为你所受教育的一部分，这是在社交圈子里能更好地掌控形势的最好的方式。在这样的场合下，你可以应付自如、受益匪浅。通过谈话，你能得到所有有益的内容，包括智慧头脑中睿智的思想和信息，这是在书中得不到的。与这种睿智的人经常直接接触，可以使你不断地完善自我。因此，你可以通过和这种人谈话，根据他经常使用的语言推测他是个高雅礼貌之人，因为他的语言至少表达了高雅的思想和感情，使我们受到潜移默化的影响，披上高雅的外衣。

住在城市或城镇的人面临着两种危险：一种是经常使用"友好高雅"的语言直到它变成习惯，而自己却没有意识到这些。这样会欺骗他人，不久就会欺骗他们自己。不停地实践虚伪，结果将使自己不觉得那是虚伪。不管怎么说，危险就是：虚伪形式下空虚的心灵。另一种危险是：只是单纯地从谈话中收集到的可能是不正确的信息，却被认为是相当权威的。这样获得的信息不可靠。只是单纯依靠交谈和社交获得信息来充实头脑的人，是一个机敏的人，但并不是一个准确的人。他能使你快乐，使你感兴趣，能就某些事情给你提供新的观点，但你却不能仅依赖他的观点做出判断。

学生与其他阶层相比在获取信息方面有很大的优势。他们能把获得信息的两个最完美、最令人羡慕的方法结合起来，这两个方法分别是：寻找只出现在书本中的准确深刻的思想，通过谈话和社交活动获得关于人物、事情的大众信息。结果，在某些特定的条件下，通过交谈和阅读书籍提高自身修养真正变成了他们自己的责任。但由于交谈是一种商品，每个人都应为此支付金钱，如果你没准备好支付你的一份，你就违反了所有诚实的商业规则。如果你通过谈话获得对你有用的事实和信息，从他人处获得对你有益的思考的结晶，那么培养你的才能和本领则成为你个人无法推脱的责任。反过来说，你的才能和本领能够使你从所处的社会中获得收益，得到提高。如果实际情况不是这样的话，你的胸襟会变得越来越狭窄。

请允许我具体解释我在这个话题上的观点，他们在很大程度上是正确的。好的建议在给出的时候，往往越具体越有价值。

1. 在处理琐事的时候，既不要浪费自己的时间，也不要浪费公司的时间

大量关于琐事和无用事情的谈话，常常使明智的人感到厌恶，这使谈话变成令人反感的事情。结果，经常谈论琐碎事情的

人总有一天会被公司辞退，无法在社会上立足。他无法花几个小时的宝贵时间去聆听别人讨论具体的事情。他不喜欢加入讨论，只是默默地坐在那儿，直到最后一个人离去。现在，我不再为仔细地挑出他人哪怕是极其微小的错误而鼓掌。与此同时，我会尽力使自己认为那些人是在开玩笑，于是通过平缓、浅显的谈话，询问对方是否意识到他正在将明智的人一步一步赶出自己的社交圈子。但是，他不应该退却，他应该有勇气逆转自己的这种趋势。你不应该因为其他人谈论的是琐碎的事而坐在那儿默不作声。在许多圈子里，你至少能发现一个人，他愿意同其他人交流，在这个圈子里发挥主导作用。找到他，提出你的困惑，他将非常愿意提供你所需要的信息。在一个圈子里，如果没有多少人愿意通过谈话受益，那么你就应该承担起这个任务。你不应该抱怨你所在的公司乏味、没有生气，而应该加入到谈话中，使更多的人通过谈话受益。令人遗憾的是，那些头脑聪明、天资聪颖的人的数量在公司里看起来微乎其微，尤其是当他们应该引领谈话朝正确的方向发展并使在场的人对该话题感兴趣时。谈话应该朝着有用性的方向发展，而目前这种实践却少之又少。

一个被迫大量学习和思考的人在这种情况下是极其危险的，因为，当他步入社会后，他忽略了学习，忘记了他曾经的思考轨迹，于是他的精神不再富有伸缩性，而是平淡无奇。接下来的问题是，他忘记了应该用知识和天赋引导、启迪他圈子中的朋友。我的意思不是让你尽力垄断谈话，炫耀、显示自己的才华与成就，而是你不应该浪费自己的时间，也不应该浪费那些耐心听众的时间，让他们听你口不对心的话，听你翻来覆去、浪费时间的言辞，听那些对个人提高没有任何帮助的胡言乱语。不要做任何貌似权威的事情，记住，任何妄图依靠窃窃私语使自己在社会上立足、获得承认的人都是不明智的。谈话本来应该是令人愉悦、给人以美的享受的，但是，如果你总是邀请别人吃蛋羹和冰激凌的话，谁还会感谢你呢？你在一个公司工作一段时间后，离开时，如果你不能给人留下一种印象，即你通过工作比刚来的时候更明智，或使其他人更明智，那么，出问题的不是别人，而是你自己。

2. 在公司里，不要在背后诋毁他人

不管你所工作的公司大还是小，你都应该记住，一旦你在某人背后说了他的坏话，这些话总有一天会传到他的耳朵里。那么，你就犯了一个天大的错误，复仇者早晚会找上门来。

人类世界有一个普遍的偏好，就是诋毁同类，或者抛出一些有暗示性的东西，动摇同伴们中肯的观点。诋毁他人的人欺骗的其实是自己，人不可能永远欺骗他人。他们总是想着推推这个，挤挤那个，剥夺对自己无用者的荣誉，并认为这是一种善事。我

记得，曾在狄奥多罗斯的作品中读到过一段关于一种活泼小动物的描述，如果我没有记错的话，那种小动物叫作姬蜂。姬蜂们整整一生都在寻找鳄鱼蛋，并把那些蛋弄碎。这种本能令人难以忘却，因为姬蜂并不以被弄破的鳄鱼蛋为食。关于姬蜂的描述非常少。据生物学家推测，要不是姬蜂们的辛勤劳动，现在埃及到处都是鳄鱼。埃及人不会自己去毁灭那些可畏的生灵，因为他们像敬神一样敬拜鳄鱼。人类社会中，那些诋毁他人的人，是否经常庆幸自己冷漠得像姬蜂一样，并认为自己在做有益于整个人类的事情呢？他们也许经常这样想，但最终被欺骗的只是他们自己。其他人会怎样看待他们呢？很多人都知道，如果你成功地诋毁他人，你就能获得被诋毁者的地位或荣誉。出于同样的想法，鞑靼人不惜一切代价残杀那些天资聪颖、成就非凡的人，这样鞑靼人的聪明和他们所获得的社会地位就会永远至高无上，这种尊贵和权威会一直延续到他们生命的终点。当然，被杀戮者的财产永远归鞑靼人所有。如果这一理论是正确的，鞑靼人则应该向那些沉迷于用恶毒的语言从背后攻击他人的人表示歉意，因为，这一理论使人在很多时候将占有别人优秀的东西看作是生活的唯一希望。你诋毁他人时所说的话，不仅会传到被诋毁者那里，也会使反对他的一些人对他有成见。很多人都喜欢听别人诋毁别人的话，只要被诋毁的不是他们自己就行。往往称赞人的话，十句里面几乎没有一句能被记住；而贬低人的话，不用多，只说上三两句就会被记住。正所谓"好事不出门，坏事传千里"。所以，千万不能在背后诋毁别人。对于正直的人来说，诋毁别人的话会在自己的良心上留下擦不掉的污点。你千万不要用轻蔑的口气在背后诋毁别人。当别人犯错误的时候，应使用不会被误解的语言告诉对方，错在何处，应如何解决。"凡是那些醉心于挑剔、嘲笑自己最亲爱朋友的细小缺点和弱点的人，在将来的某个时候会发现他周围所有的人都在反对他。任何一个用卑鄙的手段将别人置于被嘲笑境地的人，在他短暂的笑声过后，冷静思考时，也会认为以后一定要警惕类似的手段被用在自己身上。但是，当没有这种危险的感觉时，人性中那种很自然的骄傲感就会滋生蔓延。"除非你将自己的注意力特别集中在这一主题上，否则你很可能意识不到有多少这样刺目的箭射向那些不在场的人。

　　一个诚实的家伙被介绍进入乡村中最时尚的一个圈子里，他既不见多识广也不才华横溢，却很受欢迎。但是，他有一个屡教不改的毛病：他总爱待在房间里，直到只剩他自己一个人时才离开。终于，有人很直白地问他，为什么总要呆到最后。他带着那优美诚实的本性简洁地回答道："刚有一个人离开，他们就开始在背后诋毁他，于是，他必然地认为一直待到没有哪个人留下来诋毁他时才是明智的选择。"

3. 小心阿谀奉承

奉承你的朋友和熟人的习惯对你自己的性格会有不良影响。它给你自己带来的伤害比给其他人带来的要多。人们能够透彻地理解，那些有奉承他人习惯的人总是期望着得到同样的回报，对于其他的各种利益也是如此。这绝对不同于私下里给你的朋友以鼓舞。谄媚的话语通常在公共场合出现，为的是让在场的其他证人听到，但是，明智的鼓励总是私下里表达的。如果人们奉承你，你会觉得应该为了他们做某些事情，为了回报他们的奉承，你一定会那么做的。因为你清楚地知道，你没有其他任何办法取消他们强加在你肩上的这种"责任"和"义务"，因为除了这个仿佛没有一个报偿能够令他们满意。这样，你就雇佣了其他人帮忙把你变成一个很容易上当受骗的人。他们不考虑实际情况，任意夸大你的优点和长处。也许，出于一个很明显的原因，你戒绝了被别人奉承的奢华享受，尤其是不再寻找这样的珍珠了。如果不是彻底地看到那动机，你万万不会那样做。当年轻人明明知道那个乱涂乱画的人只是虚情假意时，却还是贪婪地吞咽那虚假的赞美，看到这些，你可能会非常惊讶。我们是多么地热爱别人的赞美，甚至当我们知道自己配不上那些称赞时也紧紧抓住它不放，这足以使我们自己惊讶得目瞪口呆。约翰逊这样解释该事实背后的人生哲学，他说："被奉承总是愉快的，即使我们知道赞美者根本就不相信那些称赞之词。但他们至少能够证明我们的力量，表明我们的善行受到尊重，当然，只用些卑鄙的谎言就能买到这些言辞。"若赞美他人只是一种愿望，只是为了给予他人较高的评价，那么，这就是传说中慷慨的标志。我对此没有任何疑问。对于这样的愿望，我认为无可厚非。

4.绝不可在庄重面前露出你的轻浮

在一个成员混杂的公司里，不应伤害任何一个人的感情。用轻浮对待任何一个庄重的主题都是不现实的。那样做绝不是智力水平的标志，也不是免受歧视的标志，更不是良好素质的标志。它只不过展示出一种没有责任心的心灵。凡是轻浮地谈论他最好的朋友或与他有关的一切的人将会很容易向诱惑屈服，还会以同样的方式对待他俗世间的朋友。他们的内心自私，不适合做他人的知己。面对庄严的事情，举止轻浮或处事草率将会毁掉你的品质或其他任何一个人的品质。

在规范的公司里，这样的景象很少见，就像读者们不会贬低他们感兴趣的、对他们有好处的书一样。当你听说有人在使用轻浮的语言时，你可能得出结论，他内心盛装的是毒蛇的巢穴。反过来说，其中的每一条毒蛇都是他的主人，他这个可怜虫在用自己生命的血液喂养他们。

5. 引入谈话的主题时要小心谨慎

有些人总是在狭小的领域里运动，他们思考的范围也很狭小，以至于你总能预期同样的谈话主题和重复了一遍又一遍的故事，周而复始，没什么变化。如果你有一个特别喜欢的话题，你肯定会不知不觉地重复这个习惯。没有比这样的谈话者更无聊、更讨厌的了。同样的一场谈话在你面前重现，同样的恭维被重复，同样的玩笑被引入。

有些人特意重复同样的话题，他们认为这些话题会令你喜欢。他们通过谈论那些他们认为会令你愉悦的话题来奉承你，就好像他们邀请你进餐，然后，往你的盘子里放一些奇怪的食物，虽然他们自己和其他的伙伴不喜欢这些食物，但却假设你喜欢。这比侮辱你还糟糕，因为面对侮慢无礼的侮辱你可能已经没有了怨恨和不满。例如，如果一个人从宗教的角度出发，以为我是一个加尔文教徒，于是，每次遇见我他都会极力赞美约翰·加尔文，或者称赞清教徒。但当我得知他从心底里看不起这两类人时，我决不会因为他承受这些痛苦取悦我而向他表示感谢。如果他诚恳地渴望得到有关我喜好的信息，或其他我所喜欢的话题，那么，通过给我机会谈论我所知道的事情，他为我做了一件好事。但是，如果一个话题被牵扯进来，不停地重复，那么没有什么比这更让人恶心的了。有些人在这方面放纵自己，那么对他们的谴责将是严厉的，但也是公平的。有一个人总认为他的朋友特别喜欢谈论《圣经》中的人物，于是他利用一切机会将话题转到这个方面。对于其中的一种情况，他说："我敢肯定，这个力士参孙的力量之大，可以用'前无古人，后无来者'形容。"在另一种情况下，他说："不是这样的，不是这样的，你自己就是那个比力士参孙还强壮的人。""怎么会是那个样子呢？""哇！你居然拉头拽肩地把他拉了进来！"

谈话是精神的盛宴。你不必期望在某个角落有一张专门为你摆放的小桌，你将和大家一起围坐桌旁，享受这美好的宴席。记住，令你不快的盛情款待同样会令其他人感觉不愉快。一定要小心地避免粗鄙的做法，因为它总是给人带来痛苦。

当介绍自己成为一个话题时，要尽量少地使用语言。我们总是处于这样的危险之中。随着年龄的增长，这种危险的可能性也在增长。"对于一个人来说，谈论自己是一个又难又不好讲的一个话题。"考利说，"这会令说话者的内心受到煎熬，不知是否应该说些贬低自己的话语；对于听者的耳朵也是一个考验，因为他不得不听那些自我褒奖的言辞。"如果你周围的环境使你不得不向他人寻求帮助，那么，介绍你自己则显得尤为危险。如果一个乞丐想要的东西是现实的、可知的，那么他会得到宽慰和解脱。但是，如果他费尽心思暴露自己的伤疤，那些本来想与他交友的

人会带着厌恶转身离去。所以，介绍你自己、你的朋友、你的所
作所为时，应尽量少说话，因为如果你说得过多，就有可能被认
为是要得到他人的钦佩或怜悯。优秀的作家总会建议他的读者不
要过多地谈论自己，除非他们在这个世界上取得了重大的成就。
但是，这个经验并不是绝对安全的。在他看来，到底谁才是那个
成就不够多而不能将自己作为谈话主题的那个人呢？

6. 诙谐幽默时要小心

　　如果不小心谨慎的话，你可能陷入将老笑话当作新笑话讲来
讲去的危险之中，或者陷入将你出生前很久就存在的笑话据为己
有的危险之中。你也许听说过或读过这样一句话：你读到的或听
到的东西都可能离开你的大脑，只有笑话会留下来。在一般的交
谈中，最好将自己看得平常些、普通些，不要尽量表现得才华横
溢或者滑稽可笑，因为你将为此付出长期的、无法承受的代价。
一旦他们养成了借用的习惯，他们的记忆将很快停止：他们可以
自由使用的东西不再是他们自己的。

　　谈论此话题时，我想说，如果你被诙谐幽默打动，并沉迷于
其中，那么你就陷入了虚弱危险的境地。巧妙的措辞和创造名言
警句的能力是可以培养的。据我所知，在人们的面前，妙语和即
兴的创作能带来阵阵笑声，但是如果事先私下研究、安排的话，

迎接这些笑料的可能就是冷漠和平静。格言警句出现时或多或少就是这个样子。其中显示的才华与天赋很快履行完自己的职责，就好像他们是瞬间的产物。放纵自己的才智有个危险：不伤害他人就没有办法将工具磨得锋利无比。如果你愿意的话，同它抗争吧！你最好的笑话，也是最锋利的箭，直射向你身边的人，尤其是那些活着的人。这会引起朋友的反目和胸中的怒火。那些试图使自己机敏有才的人一定有很多敌人。当你听说某人宁可失去朋友也不愿失去一个玩笑时，你可能会想，他很快就不会再有为朋友开玩笑的麻烦了。

每个人都知道自己的性格和弱点，但是，那些是他本性中的一部分。他不能，也不愿喜欢一个用这些弱点伤害他的人。这些弱点确实是我们的，尽管我们为之感到羞耻，有些人还因为这些弱点而不能很好地融入到周围的环境中，但是，我们却不喜欢让它们受到嘲笑。我们会排斥那些有优越感，还拿别人的性格开玩笑的人。他可能会使周围的人发出阵阵笑声，他也可能受到别人短暂地恭维，但那一定是来自于那些与他心照不宣地分享那份快乐的人。试图变得机敏的另一个危险是：你可能会伤害到自己的内心。若不努力培养观念中那些特别又奇怪的联系，没有谁能够变得机智又有才华。很多思想是通过无人知晓的渠道跑进一般人的头脑和思维中的。你关注的每一件事中一定夹杂着奇异的光芒，于是，头脑很快就习惯了那些稀奇古怪的联系。结果将会是：大脑不再是一个平衡性良好、能够获得和传播信息的工具。一心想成为才子的人，可能会取得成功，但只是二流的，对周围的一切没有任何用处。大众作家笔下描绘的自作聪明的小人物的性格，在现实生活中却是真实的。"他是全西班牙最自负的人物，尽管他前六十年的生命中除了无知还是无知，但为了变得博学多才，他特意聘请了一位导师，教他拼写拉丁文和希腊文。除了这些，他还背诵了大量的典型的故事。他一遍又一遍地重复、肯定这些故事，以至于最后他自己真的完全相信它们了。这些故事本来是用来帮助谈话的。于是有人说，他的智慧的光彩是以自己的记忆为代价的。"还有一件很重要的事需要记住：能够说出许多华丽言辞赞美他人的人，同样能够说出大量虚伪愚蠢的话来。在水下寻找珍珠的人总会发现，能冲刷出最耀眼珍珠的海水同样能冲刷出最一般的贝壳。我们最美好的期望是：极少数诙谐幽默的话语在人们口中流传、重复，而那些没有价值的东西则被永远地遗忘。

"森林，"站在森林中的一位弓箭手说道，"我们总得用这些树做些什么吧，我的朋友！我发现你很有天赋，但你却不知道应该怎样使用它。怕说错话的担心阻碍你在与他人交谈的过程中冒险，然而，仅在这一方面，现在已经有很多人赢得了才子的美名。如果你有闪光的思想，那么，给你的活泼套上缰绳，淡然地用你的一切去冒险，你的错误将被看成是高贵的大胆。如果，说了一千遍莽撞无礼的话后，一个俏皮话使愚蠢的事情被忘记，睿智的观点被记忆，那么，全世界将会为你歌功颂德。这是每一个渴求获得才子殊荣的人要做的事情。"

7. 谈话中还应注意，不要故意炫耀知识或高深的学问

没有哪个伙伴愿意承认自己无知。当一个人炫耀自己的才华时，他是在向周围的人发出沉默的邀请，邀请他们承认他的优秀和其他人的无知。没有比这更令人不悦的邀请了。我曾经认识一个学生，他竭尽所能想使自己在社交的圈子里受到欢迎，却没有成功。他找不到其中的原因，然而在一个夜晚他了解了一切。他在用希腊语谈话的同时还引用了拉丁文，他兴高采烈地对某些字或词追本溯源。例如，他费尽力气向同伴展示 comedy 这个词在某种程度上丢失了本意，因为这个词是由 κ ω μ η street 和 ω δ η song 组成的，意思是街头小调，通常在城市里穿街走巷的马车上表演。这些都是真实的，但是这个故意卖弄学问的人实在令人难以忍受，其实他身上没有多少学者气。找一本好字典，看上半个钟头，得到的东西足够折磨周围人一个晚上了。真正的学者是不会哗众取宠的。有一些略通医术的人，总是担心你会怀疑他无知，于是他们使用一些晦涩难懂的专业术语，甚至用药典中

的词汇来咬文嚼字，夸夸其谈。可能也是出于这个原因，卖弄学问的人才如此可憎。如果你遇到一个人，他满嘴都是拉丁语，还用希腊语烦扰你，那么你会认为他的学识深浅就像放肆无礼的看门狗的勇气般大小，只要有人经过主人的家门，它就汪汪大叫。如果你只是待在学生们中间，情况就不一样了。但是，在不同身份的人面前，最聪明的评论如若出自平常人之口，则往往受不到欢迎。

8. 在所有的谈话中，一定要注意保持纯洁的思想

所有通往粗野无礼的通道的开通会很快受到所有优秀社会团体的反对。确实，你找不到一个会因对方的粗野无礼而感到高兴的人。在人面前说些下流的双关语或类似的言语，往往令人心生厌烦。原因很明显，没有人喜欢接受这样的无礼，而你却自认为他们喜欢这样的谈话。这对思想纯洁、道德高尚的人来说是一个直白的侮辱。某些时候，某些事物被错误地介绍和解释时，在我所知晓的范围中，除了那表达出来的和感觉到的非难和指责外，别无他物。你抱着启迪或取悦他人的目的复述某些事实或奇闻轶事时，你的语言应该纯净，你的思想应该纯洁。

应该怎样让那些轶事和故事发挥作用呢？如果使用妥当，它们会很重要、很有价值；如果使用不当，他们不仅一无是处，还

会带来一些负面影响。你可能见过各行各业的人，他们总爱讲些奇闻轶事，或者讲些故事。当你刚刚与他们结识，你会觉得他们的知识储备似乎无穷无尽，但随着交往的深入，你会发现他们的存货真的很有限。每一年里，同样的笑料要重复好多次。一个人因经常讲老故事而著名；另一个则因和朋友在一起时，能营造良好的氛围，带来阵阵笑声而引人注意。然而，这些人不会，也不可能像普通的人或事物那样，受到高度的赞扬。同时，某些故事和奇闻轶事阐释的重要原则很难被完全抛弃。你怎样才能避开意大利墨西拿海峡上的锡拉岩礁，还不进攻卡律布狄漩涡呢？我的回答是，你可以而且应该使用故事和轶事。它们很重要。没有它们，你不能激起别人的兴趣，并给他们以指导，不能给他人留下深刻印象。你可以大量地使用它们。我以前曾经说过，你怎样使用它们都不为过。但是，在这儿，我要给出两个很重要的建议。

（1）使用的事实要客观

不要为了润色、使它更吸引人或切中要害而添枝加叶或删减情节。如果你增加或减少任何一部分，你都在掩饰历史。有些人若不歪曲历史或篡改历史的本色，他们便无法以奇闻轶事的形式重复事件，结果你无法分辨出历史的真相。这个习惯太糟糕了。因为如果任其滋生蔓延，用不了多久，你就不能客观地讲述有趣的事实了。

（2）不要只为了消遣而讲故事，或重复那些轶事

它们的作用在于进一步解释你所说的话，或你所写的东西。如果它们被用来实现其他的目的，那么，不协调的音符将会出现。

我希望，在所有这些评论中，没有给你留下这样一种印象，即你在运用这些事实和轶事时应该养成那讨厌的谨小慎微的习惯。那简直令人无法容忍。就像吃小鱼一样，过程一定要慢，但吃完以后，你想起来的是鱼骨头，却不是鱼肉，那这种吃鱼的方法是不明智的。草率的人若能巧妙地避开鱼骨，结果就不会是这样。

尽量使你的谈话远离嫉妒。为了实现这个目标，你的内心一定要保持清澈。在所有的谈话中，你都应该兴高采烈、情绪良好。这应该成为你的习惯，使你总是那么令人愉快。我们有如此多的弱点和苦难，我们的生命中有如此多的下坡路，以至于我们非常愿意与快乐的朋友相处。即使是尖酸刻薄的人，也喜欢停下来，忘记他们自己，听孩子们咿呀学语，还有那欢乐的呼喊声。欢乐气氛地营造，谈话中令人愉悦的言谈举止，都会增加你自己的舒适感，还能使和你交往的人感到更加舒服惬意。野兔是敏感的考珀夜晚的伴侣。他告诉我们，野兔们欢快的嬉戏能给他那悲伤的时刻染上愉快的色彩。

以下规则，节选自有先见之明的梅森给他学生的关于谈话的建议。

①选择能给你带来好处的人做你的朋友，就像你选择书籍一样。最好的伙伴和最好的书籍既能给你带来提高，又能令你感到愉快。如果从你的伙伴身上既得不到提高，又得不到快乐，那么为他们提供提高或快乐吧，或者两样都提供吧！如果你既不能得到好处，又不能给予好处，那就立刻离开那个家伙吧！

②研究你伙伴的性格。如果他们比你优秀，则应虚心向他们请教，认真聆听他们的观点；如果他们比你差，则应为他们提供帮助。

③当谈话陷入低谷时，引入一些大众性的话题，让每个人都能说上几句，从而使谈话恢复活力。或许，事先在头脑里准备一些适当的话题也不算是错误。

④当新鲜的、有价值的或有指导作用的内容在谈话中出现，可以立刻将它们记在备忘录上。永远记住那些曾经伤害过你的话语，因为它们值得保留。但是，坚决抵制品质低下的东西。

⑤不要在朋友中间显得无足轻重。尽量让别人喜欢你。然后，你将发现自己说出的话容易被人接受。沉默是不好的习惯。如果用很礼貌的方式说话，就算是平庸的话语也比完全的沉默更容易被接受。平平常常的言辞往往能带来一些有价值的东西。任何时候，你若打破那死一般的沉寂，所有的人都会感到宽慰，并对你心存感激。

⑥不要急于加入，也不要喧嚣吵闹。如果在某一方面你可以处理得很好，你能够成为自己的主宰。这时，你就可以通过与人交谈获得你想得到的信息了。但在同一个圈子里，某些经典的话语千万不要重复第二遍。

⑦记住：其他人看待自己的缺点、错误与你看待他们的缺点、错误之间有着细微的差别。因此，一定要小心，千万不要不假思索的在人面前表示反对或横加指责。

⑧如果你的伙伴喜欢毁谤他人或者满嘴污言秽语，若你能起些作用的话，好言相劝吧；如果你的言辞起不了任何作用，那就保持沉默吧；如果沉默也无济于事，那就选择离开吧！

⑨不要在谈话中表现得光芒四射，就好像那是你特别优秀的地方。实际上，你只是知道一些较为优秀的能力而已。

⑩容忍那些似乎是傲慢无礼的行为。这些行为在其他人看来可能就不是那样，你还可以从中学到一些东西。

⑪内心舒畅、从容，试着让其他人也有这种感觉。这样，很多有价值的想法就会浮出水面。

对此，我还想加一句，不要在人前乱发脾气。如果遇到别人对你不友好，或者当众侮辱你的情况，那就不是谈论该事的适当场合了。如果你不幸同一位大嗓门又很兴奋的反对者发生争执，一定要保持冷静，这是最完美的解决方式。"冷刀切得快"，这样，你们的争执将会有一个令人满意的结局。面对挑衅，谁能够保持冷静，圈子里的同情和尊敬就会向谁倾斜。"如果一个人脾气暴躁，爱好吵架，那最好的办法就是让他自己一个人待着。老天爷会给他找活干的。或者，他很快就会遇到一个比他还强壮的人，那个人给他的报偿比你给的还要好。"通常，在争执中，人们能理解的东西就是强烈的愤怒被激起并准备通过反抗和斗争取得胜利，而这些是不应该被引入到朋友中间的。这种游戏太粗俗了。讨论一旦触及了这一点，就应该立刻叫停。

若不提醒我的读者，我们通过谈话交流思想和情感是上苍的赐福，我不能结束这篇文章。它是内心舒畅的源泉。当然，舌头也是制造祸害的有力助手。它是我们做好事或坏事的主要动力。这一天赋带给我们的是巨大的责任。灵魂的情感，在经由舌头表达的时候，总会或多或少地影响他人。如果他们受到正当的影响，那么它做了好事；如果他们受到不正当的影响，谗言便会出现。若不是肩负用好这一天赋的重任，并认真履行，你将无法坦然地度过面前的每一天。那个创造耳朵的人能听到你的每一句话。一个人，若是虔诚，有修养，有丰富的知识，那他的行为习惯将使他在任何地方都能受到欢迎。记住，你说的每一句话都长着翅膀，能飞到上帝的宝座前，永远影响你的灵魂。话一出口，就无法收回。它给周围带来的影响，将长时间存在，甚至比地球还要长寿。

第七章

论体育锻炼

每一位读者从一开始就明白，一个人的希望和前途在很大程度上受其健康状况的影响。如果身体瘫痪，卧床不起，或受到某种伤害，那么他的心思将大多用在关心自己的身体状况上，而无法在学业上取得进步。如果忽视自己的身体状况，它可能日渐衰弱，肌肉也不像以前那样结实；头脑可能会暂时拥有活力，就像某些燃料燃起的火焰，越来越亮，但过不了多久便熄灭了。

你可能更可怜，可能到目前为止在你的事业上只有那么一点点优势。但除此之外，凭着勤勉和专注，你绝对有可能发迹。不过，如果没有了健康，你就什么都学不到，什么事都做不了。因为你的头脑既不能、也不愿意完成任何事情。解决这件事吧！不管怎么说，这取决于你自己，你得拥有聪明的头脑和健康的身体。

事情总是这样，学生看到知识的田野在他面前展开，无边无际，一眼望不到头，他会感到青春的活力。于是他坐下来，翻开书页，忘情地读着，终于学有所成。而健康的警报却一个接一个地来到，却未引起他的重视，直到最后，他无法继续学习。一切都太迟了，因为死亡的种子已经在他的身体里生根、发芽。

一个学生越觉得自己有前途，他的目标就越高；他天才的抱负越强烈，他的危险就越大。很多有才华的人英年早逝，不是因为他们学习太专注了，而是因为他们不曾关注自己的身体和健康。

毫无疑问，那些只想着学习却根本不关心自己健康的人，真应该好好调整调整自己了。他们总是以最快的速度完成手头的事情，显示自己极高的天分和出众的才华。但可以肯定的是，这样的人很快就会越过其成就的顶峰。即使他们不迅速走进坟墓，也会过上身体日渐衰弱、精神萎靡的生活。

学生的健康不可能不受到威胁。人生来爱活动。森林里游荡的猎人，攀爬阿尔卑斯山的冒险家，是强壮、大胆的人，是身体非常健康的人。在风暴中穿梭千百次的海员，是真正吃苦耐劳的人，他们夜以继日地工作，直到某一天过度工作摧毁了他们强健的身体。任何有积极习惯的人，如果不经常透支自己的体力，都有可能享受健康带来的快乐。但是，学生们的习惯都很勉强，他们的本质总是受到束缚和限制。

在细心的观察者眼中，不存在任何一丝疑虑。他们丝毫不怀疑，许多前程似锦的年轻人会陷入预先挖好的坟墓，其原因，是年轻人总想在很短的时间里完成那么多的事。我的意思是，约束和充实头脑的工作一般是在二十五岁之前完成的，所以，年轻的人们坐下来读书时，所达到的强度可能会危害他们的健康。

在你训练自己有规律的、充满活力的锻炼身体的道路上，总有很多拦路虎。

1. 不要总是考虑体育锻炼的必要性

不到非吃药不可的时候，我们一般都不愿意吃药；体育锻炼对于年轻人来说，就像一种依赖性很强的药物。可能你现在还年轻，觉得自己充满活力：胃口很好，体力充沛，非常健康，神采奕奕。时光总是乘着毛茸茸的翅膀飞翔，在你身旁飞过。你为什么要让自己做体育锻炼的奴隶，让自己养成每天不得不锻炼身体的习惯呢？就像双腿完好、健步如飞的时候，非要给自己加上一副沉重的拐杖。但是，你仍然没有感觉到自己需要什么，直到有一天你的健康垮掉，体育锻炼也无法使它恢复。这时你才猛然惊醒，你才开始相信那些和你一样站在地面却不停锻炼自己身体的人的看法，只有他们才完全了解体育锻炼的内涵。他们会告诉你，你无法决定自己是否应该参加体育锻炼。你必须锻炼自己的身体，不然你放弃的将是自己的前途和未来。

2. 你感到缺乏时间进行体育锻炼

你学习紧张、压力繁重，或者严重偏科，不得不付出更多的努力，以至于根本找不到时间锻炼身体。现在，让我告诉你，你在很重要的一点上判断失误了。如果你计划每天进行适当的有氧运动并严格执行，一个月后你会发现：同样完成和以前一样的工作，完成同样强度的学习，要比以往不锻炼身体时容易得多。这种变化会让你惊讶得目瞪口呆。体育锻炼带来的不仅仅是更加强健的身体，还有学习道路上的轻松与舒适。

3. 你对体育锻炼不感兴趣，也不愿参加

学生们可能制定了许多方案，进行规律的体育锻炼，并对此兴趣盎然。这种系统的"体力劳动"值得高度赞扬，整个体育系统也不过如此。而且我对于后者没有任何信心，当然，我也不会武断地反对前者，因为它可能在某些情况下对人有好处。根据个人经验，与学生们采取的其他体育锻炼相比，我更愿意选择散步。巴肯极力主张这是最好的锻炼，因为它使更多的肌肉参与运动，还不会带来疼痛感。这种运动模式的优点是"简单"。户外，地势开阔，我们可以自由地呼吸那来自天堂的新鲜的空气，凝视

远处的山峦和谷地，绿树红花，还有那些有生命特征和无生命特征的事物。那些光线和声音会使大脑更活跃，使人更加愉快，令人精神焕发。散步的另一个好处是，你可以找个伙伴同行，开心地交谈，放松大脑，愉悦心情。这很重要，而且只有通过散步才能实现。散步时，虽然你听到的声音是相似的，看到的物体是相似的，但是交谈会缩短路途的长度，驱散走路带来的疲惫。出于以上原因，在大多数情况下，你应该寻找伴你同行的伙伴。将这样的散步有规律地坚持几个星期之后，你会对随之而来的结果惊叹不已。在不需要学习的时候，去散散步吧，漫长的路途会帮助你储备健康，以应不时之需。我曾经认识两个学生，他们用这种简单的方法使自己身体健壮、充满活力，他们身体上的变化也令人瞠目结舌。一年夏天，他们相伴走过了二百多英里的路程，每次走过的长度不少于五英里。这样坚持一段时间后，你会觉得自己很热爱这项运动，根本不用问天气怎样，你也会将这项运动坚持下去。

4. 锻炼时，不要把自己弄得疲惫

根本没有必要去医生那儿寻找自己稍一动弹就感到体力不支的原因。其实，原因就在你自己身上，你缺少体育锻炼。事实不容置疑。你找到要读的或要研究的书籍，将自己关在房间里几个星期不出来。这样的情况周而复始，直到你想要出去散步、走上几英里的念头消失得无影无踪。然后，一旦有出去走走的想法，你的肌肉、关节，还有整个骨架都会对此望而生畏。刚走了几步，你的四肢就疼痛起来。你的意愿不能实现，你无法让双腿继续前行。随着时光的流逝，你一次又一次地屈服、放弃，似乎眼前的困难越来越大。那些不愿定期锻炼身体的人很快就什么事情都不愿意做了。除了持续的体育锻炼，没有什么能带来愉悦和健康。你不能三天打鱼，两天晒网，把它当成看报纸一样的娱乐。许多人只是偶尔做些不合时宜的运动，然后发现运动之后感觉更糟糕。的确，这样的运动使他们感觉很不舒服，于是他们很明智地得出结论：体育锻炼根本不适合他们。他们总想弄明白，那些每天都锻炼身体的人的日子是怎么过的。体育锻炼要么令人愉悦，要么使人感到痛苦，这与运动的量没有任何关系，而是同它的规律性有关。大脑的习惯，尤其是身体的习惯，会阻止你享受运动的乐趣和好处，除非你的运动已经成为一种规律。请记住这一点，因为它可以解释你为什么不愿意参加体育锻炼。

进行体育锻炼本来是你的幸福，但必须遵守如下几条原则：

（1）每天都要进行规律的体育锻炼。自然赋予我们饥饿的感觉，于是我们每天都要补充养分，以满足身体上的消耗。但是，如果不进行适当的体育锻炼，我们的身体就不能很好地吸收摄入的食物，消化它们，将它们变成对身体有益的营养。体育锻炼应该像一日三餐那样有规律。只要你有双脚，就不应该有任何借口逃避锻炼，因为双脚能在短短几分钟之内给你带来世界上最好的体育锻炼。

（2）体育锻炼应该是愉快的，易于接受的。踏步机能提供规律的强有力的运动，却令人厌烦、难以忍受。他能给你带来结实的身体，却使你的灵魂陷入忧郁和沮丧。当然，通过体育锻炼获得快乐很重要。散步固然很好，但是如果你散步时非得像磨坊里的马那样，就不好了。你通过体育锻炼要得到的是快乐。"不同年龄段的作家，都在努力诠释：快乐就存在于我们的内心，而非逗我们开心的事物中。"

（3）体育锻炼能使大脑放松。哲学教会我们在不幸到来的时候，要么顽强，要么闷不做声。宗教使我们能够顺从的忍耐。我们的目标是使身体和精神处于愉快的状态，对未来没有任何担心和恐惧。但是，如果我们的大脑总像琴弦一样紧绷，以上目标是无法实现的。如果我们的头脑能够瞬间将学习和焦虑抛到脑后，并形成习惯，那么我们就得到了一个无价之宝。

很抱歉，我的评论给人一种感觉，即我不赞成人为的努力使学生和职业人士受益。许多知名人士安排活动时非常注意交替性，他们犁一会儿地，然后在论坛发表滔滔不绝的演说，谴责敌人，再坐下来研习书本。主教们和杰西高贵的儿子都曾是牧师，摩西和许多先知也是。保罗是个做帐篷的，同时还是个出色的学者。克列安提斯只是个花园的小工，总是夜里担水、浇花，这样，白天他就有时间学习了。学生们都知道，恺撒在营地里坚持不懈地学习，游泳过河时用一只手将自己写的东西托在水面之上。古斯塔夫·瓦萨曾说过："好的工人从不明知不可为而为之。"令人深信不疑的一个观点是，这些人如果不经历、忍耐身体上的极度疲乏，就不能凭借自己的智慧出名。

请允许我说一句，如果学生不将锻炼坚持到底，那么他是在用不公正的眼光看待他自己、他的朋友和周围的世界，坚持体育锻炼有如下原因：

（1）你的生命可能因体育锻炼而延长。

伟大的造物主创造了我们的身体，若没有适当的体育锻炼，它便无法忍受自身和周围环境的变化。而我们的头脑无时无刻不在燃烧、消耗自己的体力和能量。

（2）你将享受运动带来的美好感觉。

这句话适用于那些每天都锻炼身体并坚持到底的人。任何拥有这种习惯的人都能给出大量的、具有决定性的证据证明这一点。

（3）你将增加别人的快乐。

令人愉快的伙伴是一笔财富，体育锻炼使你们都感到愉快。

（4）体育锻炼会增强你的脑力。

如果你想培养一种病态的、恶心的品位，就得时不时地弄出一些凄美的诗的意象和哀婉的心绪，像小精灵一样文雅地捧出那种情感的精髓，娇嫩得在这物质的世界上一碰即碎；有时又应表现得十分飘逸，除了具有类似品味的人，没有谁能够欣赏、回味；你还须将自己关在屋子里，直到多年以后，只剩下思维还能活动，整个世界在你眼前飘过，感觉起来就像梦境一样。如果你希望自己的头脑能够无畏地向低处俯冲，在高处翱翔，捕捉并拥有强壮的音符，在坚决、果断的人中间游走、处事，像个真正的男子汉一样实现自己的目标，那么你一定要每天坚持体育锻炼。

"我们由两方面组成，两个完全不同的方面：一方面消极、被动，根本不能指引方向；另一方面则是一个积极的、活跃的方面。当我们身体健康、体力充沛时，我们的大脑受到身体的鼎力支持，能够更紧张、更长时间地工作。于是，我们的理解力更强，我们的想象更逼真，我们思考的范围更大，我们更严格地审视自己的感知，进行更具体的比较。这意味着，我们能够形成对事物更真实的判断，能够更有效地避免不当的教育、情感、习俗等引起的错误，能够对什么最适合我们、什么能给我们带来最大的利益有更清晰的看法，有助于我们迈着更坚毅的步伐实现我们的追求，以更大的决心和信念坚持到底。"

第 八 章

心灵的约束

如果你想拥有一种品质，能够在你处于顺境和逆境时一如既往地支持你，使你坦然地面对生活和死亡，那你需要采取的第一个步骤就是：用既定的原则进一步巩固自己的头脑，规范自己思维的方向。

我们的生命由无数个时间段组成，在任何一个时间段里，我们的内心都可能向怀疑主义的方向倾斜，就像少不更事的年轻人那样。这不是因为年轻人没有宗教信仰，而是因为我们的心思在疑虑中摇摆不定，就像那波浪中跳跃的小船。虽然我们不会积极地向自然神论或无神论的方向发展，但是，我们的心里确实充满了疑虑，以至于我们的想法在道德或宗教领域里都没有任何分量。如果教育的约束力被彻底地抛弃，那么你将很容易变成一个无宗教信仰的人。"不信教起源于荒淫好色。年轻人总是情欲旺盛，《圣经》里倡导的德行和他们的观点总是背道而驰。《圣经》反对'纵情声色，赏心悦目，骄傲满足'，但是年轻人却喜欢这些，并因此厌恶束缚他们的《圣经》。他们心里总是准备好一句话：'要是谁能给我带来反驳《圣经》的论据，我将感谢他；要是不能，我就自己去寻找。'在信教者眼中，无神论的论据根本就无足轻重，枯燥乏味，难以立足，不能自圆其说。那么，什么样的人才是不信教的人呢？他们不会清醒地面对生活，也不会对未知世界进行严肃认真地探索。他们是世界上最野蛮、最狂热的生物。他们在探求真理和幸福的道路上各持己见，互不相容。看看普通人的生活都需要些什么吧！'心中隐隐传来的阵阵悲痛告诉你，你需要帮助。但是因为不信神你什么帮助也得不到，更不用说你死后是下地狱，还是上天堂了。'审视一下你自己的良心吧！为什么要相信无神论呢？那绝不是仁慈的主赋予我主宰属于我的事物的权力，对吧。为什么，为什么人们要放弃宗教信仰呢？画一幅无神论的地图，迟早有一天它会使你怀疑周围的一切。"这是一位曾经走过无神论地图上所有道路的人的心声。

在这儿，我要问我的读者："你是否能够根据这个人的历史和对他的观察追忆他伟大的辨别力和高效率的头脑，一个在某种程度上保佑我们的世界的头脑，一个满是无神论原则的头脑？"描述一下这样的人，然后，你将对标志他成长过程的粗俗、诡辩、幼稚和脆弱惊叹不已。下面的话是一位我不认识的作家说的：
"一个对某一伟大主题存有偏见或有所保留的人，很难得到他人的
信任。"我们是否能对一个人说："基督教义真的能给人带来最公
正、合理的裁判，最深邃的思想吗？关于这一主题，他们的才华
给他带来的结论，同那些心平气和得出的结论有很大出入，但是
他在其他方面，的确非常优秀、深刻、敏锐、高贵！"学问、诗
歌、文学在真理的光辉下相辅相成地发展。它们的发展途径注
定如此，因为这是大自然的规律，在世界的其他地方根本找不到。
在这样的光辉下，谁都无法掩饰自己有无神论的思想，希望受到
尊重，能影响别人。假设，当一个人慢慢接受无神论思想的时候，
他的想法没有任何保留和隐藏，也没有任何不道德的行为，当然，
在他要求和伙伴们交流，引导他们的思想，或假装将智慧之光倾
泻在他们身上时，无神论者的思想和开明的基督教徒的思想之间
的差距是如此的大，以至于如果谁想将自己的影响强加于他人身
上，他就应该选择那些希望被毁灭、个性被抹杀的人。

　　我亲爱的读者，你是否应该将自己置身于那些在道德和宗
教信仰方面没有原则的人之中，以获得内心的平静并感觉到自己
的有用性呢？我请求你即刻去考虑这个问题，找到答案，并永远
坚持下去。上帝和人交流过吗？如果交流过，那么，是在什么时

间，怎样交流的呢？这些是人们问过的最重要的问题。这些问题的答案应该给人一种坚定不移、无法动摇的感觉。我们只不过是地球表面微小的生物，每天不停地"蠕动"，还自以为是。我们能够很容易地将事情搞砸，但是却无法成就任何事情。我们能拆掉一座教堂，但是，没有他人的帮助，我们连一间茅草屋也搭不起来。在你的生命历程中，你的原则形成的越早，你的性格就越坚强、成熟、有影响力。找本《圣经》读读吧，就像从火炉中取出炼好的金子一样。如果你不相信《圣经》能够给人以灵感，鼓舞人前行，那么坐下来，用公正的心检验它，用诚实的渴望去探寻真理。让你的检验尽可能的彻底。但是，一旦你得出结论，就应该坚持，不再变化。然后，你将拥有自己做事的原则、准确无误的标准，从而规范你的行为、道德和你的心灵。在暴风雨中轻松穿行的船只，总是在强风暴到达之前就收拢船帆，伸展锚链，将锚投入水中；领航员一定要站在舵轮旁，不管白天黑夜，直到风暴过去，一切恢复正常。很早就接受宗教思想的人，会迅速地将他们的原则付诸实践，并持续下去。一旦他停止对某种原则的怀疑与验看，并将这种原则作为自己的人生信条，他就不会有任何耽搁。不会因别人的不信任而恼火，也不会时不时地对周围的人或事心存疑虑。

所有仔细研读过爱德华兹总统七十个决心的人都对这一点深

信不疑，因为所有这些都是在他二十岁之前形成的，最重要的一些是在他十九岁时形成的。只有那些伟大、高效的人才能在年轻时就形成、实践这样的原则。我无法抑制自己，一定要找出一些例子，与你共勉。

"我下定决心，按照上帝的意志行事，并给自己带来好处、利益和快乐，我坚持、忍耐，不考虑时间的长短，就算是积年累月也无法改变我的初衷。"

"我下定决心，履行我的职责，为普通人带来好处和优势。"

"我下定决心，勇敢地面对一切困难，不管数量多少，不管难度多大。"

"我下定决心，绝不恣意妄为，我要约束自己的灵魂和身体，做能增加上帝光辉的事情，尽一切可能减少人世间的苦难。"

"我下定决心，绝不浪费一分一秒，要尽一切可能充分利用时间。"

"我下定决心，在有生之年尽量释放自己的能量。"

"我下定决心，要无所畏惧，即使在我生命的最后一刻，也不惧怕任何事情。"

"我下定决心，严格的节制欲望，不贪吃、不狂饮。"

"我下定决心，不做任何一件在周围人眼中看来是蔑视他人的事情，或者无缘无故地认为某人卑鄙、狭隘、自私。"

"我下定决心，在叙述事情时，绝不添枝加叶，而是陈述纯粹、简单的事实。"

"我下定决心，绝不让我的任何言辞引起父亲或母亲的烦恼与不安。出于对家庭成员地尊重与关爱，我愿独自承担言不由衷和表情不当带来的后果，将痛苦留在自己心中。"

爱德华兹总统的全部决心，一共七十个，值得每个年轻人去关注和效仿。

我认为，通过心灵的约束，遵从上帝的意志，你将增加上帝的光辉，为人类带来更多幸福。我建议使用以下几种方法，帮助你约束心灵，培育美好的情感。

1. 让每一件事都为陶冶情操服务，并使其成为你目前和以后的目标

我们现在面临着承认这一主题重要性的危险，但同时我们可以将它推迟到方便的时候再讨论。假设你目前的状况并不乐观，正面临许多困难，你希望有一天会出现转机，你的学业不再捉襟见肘、难于应付，而是变得易如反掌，然后你将拥有现在没有过的轻松。但是，当你到一个陌生的地方，开始学习一门新的学科，开始一个一年中更令人愉快的赛季，或者交了一个新朋友的

时候，你应该更多地关注自己的内心，同上帝多交流。

我们生活中的每一件事情，每一个境遇，都是由万能的智慧安排好的。当麻雀在眼前飞过，智慧会告诉它哪儿有食物，怎样才能找到。同样，智慧指引着你生命中的每一次选择。智慧还一次又一次地安排能够提升你道德水准的事情，直到没有任何一个诱惑能够使你神魂颠倒，没有一件烦心事能够激起你心灵的涟漪，没有一个麻烦能令你感到沮丧。但请记住，所有这些安排都是为了你好。不要试图推迟那些安排，还狡辩说你的天父引导你走的道路和自己的选择不同，所以你就有理由为自己没按上帝的意志行事开脱。只有那些能够引领你持久陶冶自己情操的行为规则才是有价值的。

我已经谈过控制注意力的困难，但你会发现，人的心灵更难控制。纵容邪恶、玩忽职守都会使人养成爱做错事的习惯和偏好，一步步走向堕落，难以自拔。

如果上帝对你的眷顾赶走了你最世俗的朋友，那么，你将觉得自己正受到召唤，应该做一些有利于道德修养的事情。但是，等待这样的智慧出现是明智的、正确的吗？以此引诱上帝心事重重地来看望你是可取的吗？他掌管的每一件事情、他安排的每一件事情都是为了给你带来好处。那些不把陶冶情操作为每天必修科目的人，将面临道德败坏、情趣低俗的危险。你不可能在短时间内一下子将自己提升到新的高度。美好、圣洁的品质不是一天就能形成的：它是长久生活和思考的杰作。现在就开始这伟大的工程吧！将心灵的陶冶作为每天的任务，就像每天都要锻炼身体一样，还有，别忘了提高自己的思维能力！

2. 让培养进步的道德心成为你的日常习惯

人无法一下子变得纯洁或世俗。同样，人也不能一夜之间就变得恶贯满盈。某个人可能在青年时代第一次发出诅咒，当他第一次结结巴巴地说出那些世俗的话语时，他还感到阵阵羞愧。但是，慢慢地、一步一步地，他口中的言辞变得尖酸、刻薄，他用舌尖舔舐这种罪恶时，感觉到的却是甜蜜。其他罪恶的发展也有类似的过程。这样，人的良心变得迟钝，心也变硬了。但是，如果一点一点地向进步的方向前进，良知会慢慢恢复。如果你在寻找强有力的动机推动你在学习的道路上前行，如果你不注重培养自己的道德意识，我愿在这个问题上强烈主张你专心致志地培养自己的道德心。我将告诉你其中的原因。

能够积极发挥个人力量，靠外部世界激发的动力取得一定成绩的人少之又少，对于大量受过教育的人来说也是如此。财富买不来安定，也无法带来持之以恒的努力。抱负将一只铁手置于灵魂之上，但是，不管在哪儿，它都没有足够的力量让那只铁手不停的运动。快乐、轻柔的低语丝毫不能动摇甚至摆脱人性中的懒散和愚钝，即使是用银色的喇叭吹奏出来的名誉和声望也无济于事。这些动机只能影响很少一部分人，而良心是一种非常有效的动力，使人敢于面对和承受一切苦难。经过一段时间的培养，良心能够唤起体内潜藏的能量、灵敏的感觉、各个感官的活力，使灵魂持续地、朝气蓬勃地、强有力地活动起来。这样分析起来，所有其他的动机都显得渺小、卑微、不值一提，以至于你会鄙夷它们在其他人身上所起的作用。

人的灵魂有时是其他力量和动机的奴隶，并以承认这样的事实为耻辱。但这并不是全部，其他动机很快就会失去力量。尝试、失败、失望很快就会使人沮丧并扼杀占主导地位的动机。但是，在那些有教养、有良心的人身上，却不是这样。你通过摧毁他的生活将他压垮，将他关进监狱，与此同时，他的良心慢慢苏醒，带领他努力地思考以前不曾考虑过的问题。在描述走向永恒的天路历程，将天使的食物撒向大地时，布尼安的土牢里冰冷的墙壁也变得温暖。实际上，良心在逆境中给人们带来的好处远远多于自由日子里的。

只有头脑中留有这样的印象，即我们要向上帝解释我们所做的事情和所付出的努力并对此负责，我们的头脑才会继续工作下去。想想每一次为了征服罪恶而付出的巨大努力，你压抑自己的欲望和激情，让身体和灵魂受到约束，只做好事，不做坏事。想想那些崇高的转变和伟大的努力，不管它们是否只是瞬间出现，还是将持续整个人生，你都将不用再做那些鸡毛蒜皮的小事。你的人生将不会是平淡无奇、无人知晓的，当你走进坟墓时，人们会为你哭泣。你征服每一个邪恶的欲望；你小心珍藏以备不时之需的每一个主意；你抓住的每一个飞舞的瞬间，刻上烙上美好的印记，并带到最后审判的日子；你竭尽全力去影响周围的世界，为的是上帝的光辉和人类的幸福。所有的一切不仅仅能带来上帝的赞许，来自永恒的奖赏，还会帮助你做出更多的努力，直到有一天，你取得的成绩令你自己都感到惊讶。仔细想想那许多在生活和行为中受上帝指引的人们吧，他们不停地受到上帝眼中道德心的影响。去吧，站在这样一个人的墓前。离去时，你的内心不再平静，而是陷入深深的沉思。他完成了自己的工作，速度很快，然后回家休息，享受天伦之乐，而你却没做成什么，甚至什么都没做。

我没有别的愿望，只希望你能够振作精神从事伟大而高尚的事业，在有生之年付出努力并能有所成就。我所选择的动机是有内涵的、神圣的道德心，它能引领你取得丰硕的成果。但是，在陶冶性情方面，我还有一个更高的目标。

　　生活的旅途中充满了诱惑，我们因此感到苦恼。这是我们的道德法则中必须面对和改善的一方面。我们必须每天面对它们：未收到邀请，我们不能擅自拜访它们，也不能从它们身旁悄悄走过，只有总是那么柔和的道德心才能使我们敢于面对并战胜它们。例如，一天里，或是一周里，你总会在某段时间里受到诱惑，变得懒散，于是浪费了你宝贵的时间。当时，没有任何动机驱使你那么做。这些时间的碎片就撒落在你人生的道路上。只有开明的道德心能够使你节省那些时间。但是，当懒散向你袭来的时候，它不能立刻在你的身体里生根发芽并发挥作用。不，它一定是在这之前就在你的身体里存在。

　　你还经常受到诱惑，血口喷人。有人喜欢背后议论别人的是非，并以此为乐。你总有机会说上一两句尖酸刻薄的话，并产生一些影响。但如果你凭着自己的精明干练，形成对他人的准确判断，深入地洞察人类的本性，那么，你将赢得别人的信任和赞扬。仁慈、礼貌、正义感等动机都无法抵御诱惑，只有柔和的道德心才能做到这点。

　　你的健康可能不太好，你的神经可能容易激动，你可能很容易就放松警惕，越说越多。显然，在这一刻，你滋长了坏脾气和尖酸刻薄，同时失去了自尊。你无法说服自己以坏脾气为耻，并逐渐养成好脾气，只有开明的道德心才能使你的性情变得更加柔和。

在你的生命旅程中，你可能会或多或少地有些同人交易的习惯。你可能想做一个正直、诚实的人，但有时你可能会受到强烈的诱惑，为你想买的东西使劲杀价，过度夸赞你销售的东西，或者做那些别人会对你做但你从心底里不愿对他人做的事情，除非你受到清晰的、有鉴别力的道德心地引导。

你当然知道我们是多么地重视名声。在同伴的眼中，许多人为之龃龉、厮打，宁愿死一千次也不愿失去一个好名声。但是，用什么来评判一个人呢？是同上帝的评判做比较吗？将别人对我们的评价和看法同上帝的评价做比较吗？那些相信上帝的公正和灵魂邪恶的人会不会更希望得到上帝的赞许而不是更希望得到身边的万事万物？但是，如果你不让自己的内心接受规范、开明的道德心地约束，你将永远得不到他的赞许，也永远不能把他变成自己的朋友。

3. 避免任何诱惑

智慧就存在于我们这样脆弱的生物体中，不仅仅是为了利用一切可能的方法战胜带给我们困扰的罪恶，还为了尽量避免遭遇那些罪恶。如果你正在旅行，想要实现一个巨大的目标，但路上可能遇到敌人，于是你觉得焦虑，但值得庆幸的是他们武装得不够好，无法打败你，但是你仍应该尽量避免与他们遭遇。理查德·巴克斯特那简单、虔诚的故事使我们高兴，尤其是当他严肃地向我们讲述他年轻时九死一生的经历是怎样给他带来福气的时候。我们知道许多历史上的和现在的好人不仅远离财富、地位、荣誉，还要承受苦难，甚至是其他人嘲笑的对象。

据说，某些特别的罪恶感很容易使每个人感到苦恼。同样，有些诱惑对我们每个人来说都很特别。比较起来，你可能更频繁、更容易地被某些诱惑影响和控制。有的诱惑在一个地方同你偶遇，有的在其他地方与你邂逅，有的以一种形式出现，有的又以另一种面目出现。重要的是在每一个道德品质提高的过程中，你应当清楚地知道自己在哪方面受到诱惑并对此心存戒备。

总有一些人令你感到很难交往，和他们在一起你可能会降低自己的荣誉感和净化心灵的标准，你甚至不愿和他们在一起度过短短的一个小时。他们的社会可能在很多方面令人陶醉，他们的谈话令人着迷，但同时，其中存在着微量的毒素，会慢慢地摧毁你的道德观。你可能愿意与这样的人同行，希望给他们带来好的影响。或许，你能实现自己的初衷，但是，危险总是在你这一边。你对于其他灵魂的印象，能够引导你内心的感觉模式，虽然开始的时候不会令你感到惊奇，但它们的终点是道德的死亡。如果你一次又一次禁不住那些扼杀道德感的谈话的诱惑，你怎么能巩固自己的道德习惯，从而修身养性呢？纯洁心灵的成长，不是不停地骚扰伙伴，而是在称赞美德的同时流露出一些细微的影响，然后静悄悄地离开，悲叹着，祈祷着，祈求上帝宽恕自己又一次向诱惑投降。但是，一定要避开危险，远离那些从心底里反对约束心灵、修身养性的人。

有些罪恶会在特定的时间与你相遇。例如，你可能已经发现，放学后、茶点之后，或者一天中的某个特定的时间段里，你比平时更缺少耐心。你很容易发怒，或者情绪低迷。于是，你就面临危险了，你有可能正在下意识地培养自己表达或感知方面的坏习惯，或者冒犯他人的坏习惯。你可能会在一天中某个特定的时候感到苦恼。对自己严加管理，尽量避免危险，然后，你就能很容易地看到大海里的岩石了，因为它们都在波浪之上。

假设你正试图提高自己的道德修养和自身价值，但偶尔也纵容自己读些乌七八糟的闲书。那些书可能是偶然落到你手上的，你也不常读，就是有时候会看几眼，或者那些书根本就不归你所有，是别人主动提出要借给你的。你的面前就有了一个诱惑。我的看法是，一定要小心谨慎，千万不要向这种诱惑屈服。一旦你屈服了，你将会把自己毁掉；或者你没有屈服，但你需要很长一段时间使你自己从它给你带来的伤害中恢复过来。所以，最好将诱惑拒之门外，因为诱惑和你的关系，就像毒蛇看到了小鸟。小鸟在天空中飞啊飞，盘旋反复，越飞越近，直到最后，掉进那吞噬者的口中。

现实生活中，你总会有些通常称之为"失败"或"失误"的东西。通过适当地关注和研究，你会知道这些东西都是什么，但如果你在探索发现的过程中遇到了困难，那么向你的近邻寻求帮助吧，他会列举出许多你意想不到的东西。那么，除了你经常向诱惑屈服的地方，还有哪些算是"失败"呢？除了避免诱惑，你怎样才能治疗诱惑给自己带来的伤害呢？假设，你生来就大胆、草率、鲁莽，这会使你说出冒失的话，使你做出你本不应该做的事情。你是否应该尽力避免每一个诱惑呢？可能因为你有这样的性格，你的朋友们使你兴奋，令你感到精力充沛，于是你很容易洋洋得意、失去平衡，接下来你会经受同样程度的沮丧和失望。在这种情况下，你让自己受诱惑的驱使是明智的吗？心中充满激情的人的情绪很容易被点燃，他是否一定要将自己置于被诱惑而发怒的境地呢？不管你的弱点是什么，或者不管你在哪里跌倒，你都应该清醒地意识到诱惑，并避开它。征服这种罪恶的最好办法是在它到来之前就跑掉。那些利用诱惑坑害别人的人，正受着诱惑的控制。狮子捉到猎物后，总是让它活动，和它玩耍，然后再杀死它。

4. 管好你的情绪

关于人们与生俱来的性格和情绪的看法历来众说纷纭，褒贬不一。任何人都可能有不快乐或令人不愉快的情绪，只要说一句"他天性如此"，就可以解释这一事实并为之开脱。尽可能地将一些罪责归因于天性是一种很舒服的感觉，但问题是，从法律的角度看，人们的行为是不会说谎的。没有人生来就有好的性格和情绪，而不需要关心和培养；没有谁的性格和脾气是糟糕透顶，不可救药的；经过适当地培养和熏陶，我们的性格和脾气就能够变得令人愉快。我们能看到的接受过训练的情绪之一是绅士的情绪。在接受训练之前，他的本性可能是性急、易怒、鲁莽、暴躁的，但是，通过训练，他变得能够掌控自己的情绪，不随便乱发脾气了。能很好地控制自己情绪的人收到和付出的快乐同那些不能很好控制自己情绪的人的快乐之间有着巨大的差异，甚至截然相反。在这个世界上，没有任何一种不幸能像控制人的内心并不断使人烦恼的性情那样持久、令人苦恼和无法忍受。在人生旅途的转弯处，有那么多的拐角等我们走过，一不小心就会暴露出我们的急躁。

没有人会认同某些利益和好处来自于对性格、情绪的持久地管理和培养，直到他们在这方面做出尝试。

假设，在一天即将结束的时候，回顾你所做的事情和所说过的话，你可能会发现，处理一件事情时，你的回答可能过于简短、尖刻；在处理另外一件事时，你可能控制不住自己，突然恣意谩骂不在场的人员；又一件事情中，你因为一些琐事愤怒不已、争论不休。还好，你感觉到了坏脾气的侵蚀，你的冷静没有背叛你的情感。你能否感觉到，在这一天当中，你在自控方面取得了进步，以至于当你再次审视自己的时候，你能感到欣喜。如果这样的过程持续下去，日复一日，周复一周，你会不会期望自己的内心变得越来越柔顺？有一点可以肯定，一个人要是白天纵容自己的脾气，不加控制，到了夜里再深深地自责，那么他永远也不会具有优秀的道德品质。

在你尝试调整急躁、易怒等坏脾气时，虽然开始时无法取得成功，但也没有必要感到气馁。从成功的角度来看，它是随着辛勤的努力一起来的。能够控制自己的情绪和脾气是伟人和好人的标志。

尽管药品的使用不能如期地使神经镇定下来，但伟大的布尔哈弗医生仍能在面对挑衅和指责时保持冷静。当被问及他是怎样获得自控能力的，他说他生来就对怨恨、不满非常敏感，但是他每天都祈祷、沉思，终于有一天获得了掌控自己的能力。

你面对的强烈诱惑，将使你暴躁易怒。纵容这样的脾气不仅会毁坏你目前的平静，损害你在别人眼中的形象，降低你的有用性，使你提前步入老年状态，还直接决定了你将失去那有纯洁道德心的内心的平静。在一天结束的时候，你的心灵总会失去勇气和希望，于是你把自己关在房间里，反复考虑你是否仍然无法控制自己的情绪和脾气。如果你遇到的一些小麻烦总能打破你内心的平静，那么，它们会不停地给你带来烦恼。在你不学习的时候，如果你总是向自己的性情、脾气屈服，那么，当现实生活的大量烦恼向你袭来的时候，你还能做些什么呢？

5. 独处时，一定要改善自己的思维方式

你独处的情况总会频繁出现。你可能会一个人走路，或者独自一人坐在傍晚昏暗的光影中，或者你在无眠的夜里与枕头为伴。如果你的心紧紧地跟随着上帝，那么即使独处，你的心也不会觉得孤单。你的欲望和激情无目的地漫游，以至于我们认为你在自我控制方面技艺娴熟，使那些激情和欲望被驯服，但是，思维方式总是或多或少地给认真的人带来麻烦。你所面对的困难中，最频繁出现的两个是：如何防止精神溜号和阻止思路偏离主题而步入禁区。独处时，自负、虚荣和空想会悄悄溜进你的身体，于是你很快就会变得令人厌恶，你的情绪也糟糕透顶。你很容易就能养成不断回忆的习惯，回忆你读过或学过的东西，回忆你竖立起来的路标，或者唤起你的记忆，使你想起那些通过谈话得到的信息和知识。但是，如果你不注意培养这个习惯，在你的胳臂肘处就会有一个看不见的东西，时刻准备着，一有机会就进

入你的内心，成为你躯体的统治者。记忆力和判断力都可以通过回忆刚刚过去的二十四小时内你所学习或阅读的东西而逐渐培养起来。这个过程应该是：先回忆一下你所遇到的有价值的事情，然后将它们分类，权衡利弊，最后根据未来是否会使用它而做出自己的判断。

充分利用这种经常性的、独立的思考，能带来许多好处和优势。这样的过程能使我们的大脑和情感平静下来，而且这也是很多人在很多事情的处理过程中期待的目标。于是，你的生活中将不再有那些使你极度烦恼、厌倦的失望、痛苦和错误。你需要时间思考，这样，你的情感会变得平静、温和，你的判断会变得清晰、准确。

未来就展现在你的面前。它会信步走来，给你带来变化。有些变化令人厌烦，难以忍受，所以，在你前进的过程中，总会有悲伤和失望。你需要预见未来，以应付那些不尽如人意的事情。坐下来，冷静地审视那些可能出现在你面前的事情。那些对风暴没有戒心，不愿预测风暴到来的人只能是在风暴到来的时候匆匆应付。但这并不是说，你应该走入未来，找到一个可能出现的灾难，同它扭打、搏斗，就像你同自己的命运抗争一样，最后达到一种境界，能够在精神上忍耐那些永远不可能出现的恶魔。因为在现实生活中，没有人会遇到真实存在的能压垮他的恶魔。我的意思是，没有思想的人，从不反思的人，会遇到很多难以应付的麻烦。

你当然也有对未来的计划，它就存放在你的心里，最先被酝酿、反复考虑，直到从各个角度看都完美无缺。独处时，你的思考是帮助你将来收获累累硕果的最好方式。

有些人害怕他们自己。他们对某些事情的害怕远远超过独处时的恐惧，对过去的每一次回忆和对未来的每一丝遐想都令他们感到沮丧。只有忘记自己时，他们才能感到舒适，但这并不明智。如果你的朋友可能低声地告诉你你的失误、缺陷、不足，却不伤害你的感情，也不引起你对那些原则的厌恶和反抗，那么你拥有的是一个无价之宝，是挡不住的福气。但这样的朋友为你所做的事情，你自己也可以做到，方法是一个人静静地思考。这样，一个人就可以做自己的老师，开始自学了。反复试验之后，就能准确地判断他的举止行为和性格。

不了解自己的人，永远不愿、也不会给他人留有余地，于是就不会受到他人的喜爱。他可能过于严厉、吹毛求疵，从而将自己置于危险的境地。然而，从另外一个角度看，惯于在闲暇时冷静地回顾和审视自己的人，很少遭受失败，因为他非常了解自己，还能温和地面对他人的失败。研究自己性格的时候，你的眼前是一望无际的、开阔的田野。如果审视自己时，你不能果断地向自己的失败和错误发出非难，那么，你的沉思不会给自己带来任何好处。

《圣经》中有这样一条为人的准则，即"你要别人怎样待你，你也要怎样待人"。你要记住，每一次你违反这个准则后，你都要严厉地谴责自己，关注自己改过自新的行为。你会发现，在某些特定的地方你流露出了自私、任性的内心，冷酷、复仇的情绪，嫉妒、好胜、邪恶的本性，令人厌恶的骄傲自满，要求别人承认你完全正确的固执。没看到那许多的缺点不足，没有标示出那些未来应该注意、预防的地方，一个人就无法独自长时间地仔细思考自己的性格和那种性格的各种表现形式。

判断你自己性格的一个最好的办法是仔细研究你特别喜欢的社团的总体特征和其中成员的性格。你可能和一些人更亲密，和其他人就差一些。有些人更可能说些你爱听的话，那些马屁精就最能反映出你的性格，比显示人真实性格的任何一个指数都好用。如果你能发现——经过努力和尝试，谁不能呢？——通过那些总爱奉承你的人，你将很容易地找到自己的位置。通过这种方法，你能得到对自己内心状态的深入了解。

独处时，关注你自己的思维，你将得到其他任何情况下都得不到的东西——上帝对于性格的明确的、正确的观点。只阅读、说教、谈话，而不思考，你将无法对这一伟大主题有一个清晰的概念。早在幼年时代，我们就听说过对上帝性格的描述，还反复诵读描述这种性格的文字。但是，如果我们不静下来仔细思考，我们将无法正确、精准地理解他的语言所表达的观点。关于其他主题，可能就大不一样。同样的句子可能会表达错误、模糊的观念，如果我们不思考的话，这种观念会影响我们一生。我建议年轻的读者们试试这种方法，然后你们就会发现仅仅一个小时的冷静思考就会使你对上帝性格的了解更清晰、明确，比你试着做的任何事情都更令人满意。

6. 每天仔细研读上帝留下的作品

生命的整个旅程是由一系列的验看、失望、悲伤构成的。换言之，上帝和我们做的所有交易都以提高道德修养为主要目的。在著名的芒戈·帕克的作品中穿行时，有一段文字深深地打动了我。文章写的是他在非洲腹地遭到抢劫，被劫匪撇下后，独自一人面对周围环境时的感受："不管我选择哪条路，我的面前都是空荡荡的，只有危险和困难。我看到自己处在大片的荒野之中。在那大雨倾盆的日子里，我没有挡雨、遮体的外衣，孤苦伶仃。凶猛的野兽就在周围，当地人似乎比野兽还野蛮。我离最近的欧洲人聚居区还有五百英里远。每当我回忆起那段经历时，所有愁苦的景象像潮水一样向我涌来。我承认当时我的精神几乎崩溃，丧失了一切希望。我以为自己的生命已经走到了尽头，没有别的选择，只有躺下等待身体慢慢消逝。然而，宗教的影响帮助了我，给予我莫大的支持。我清楚地知道，人类的谨小慎微或是远见卓识根本无法阻止我所遭受的苦难。对那片陌生的土地来说，我确实是个陌生人。然而，我仍然处在上帝的庇护之中，他没摆任何架子，称自己是陌生人的朋友。那时，虽然我处于极度的痛苦之中，我还是看到了小片苔藓构成的奇异、美丽的景色，简直是美不胜收，令人无法抗拒。我说这些只是想表明，我们的心智能够从细微的地方获得安慰，尽管，那些苔藓没有我的手指长，体形也不大，但是，在我凝视这细小生物的根、叶、茎、囊时，我不得不惊叹于它微妙的构造。我想，在这世界上遥不可及、人烟稀少的地方，这微小的生物可能是由某个生物刻意栽种、浇水，按照自己的形象塑造并使其日渐完美起来。它看起来如此卑微，不引人注意，它是否承受着不被人知晓的痛苦呢？当然不。对眼前环境的思考决不允许我灰心失望。我振作起来，将饥饿和疲惫抛到脑后，继续前行，相信救援队就在眼前，我一定不能放弃努力。"

这个勇敢人的故事真的令人感动。但是，我们要注意到一个事实，即上帝向世人展示了两个截然相反的启示，每个都完美无缺。一个是通过他的作品，清晰地展示了他永恒的力量和其中的神性。上帝和他的作品，人类，还有那荒野中能够令卑微、困窘的人振奋精神的小苔藓，这些结合起来足足能够传播他的智慧、力量和美德。于是，帕克很自然地从这由一只看不见的手种植、灌溉的微型森林中获得信心和启示。但是我相信，他当时还看到了上帝创造的另一个启示。通过回忆《圣经》，他感到宽慰，于是他的信心更强了。在上帝地指引下，他像一只自由飞翔的小鸟，不再感到痛苦。十九世纪的赞美诗为上帝的两个启示构造了一条美丽的平行线，充分地赞扬人应该具有的优秀品质。以色列的君主似乎总喜欢在他的宫殿顶端散步，清澈美丽的夜晚笼罩着整个圣地，他思考着他自己和周围的世界——造物主的杰作。他突然以赞扬的口吻断言美丽的天空和闪烁的繁星映射出上帝的光辉；当他低头俯视大地，他说每一个白天向每一个接续它的黑夜低语，颂扬着上帝的品格。尽管上帝的演说没人听到，他的作品中的词句也发不出任何声音，但是当阳光普照时，人们能够通过大地感受到他的思想。然后，人们似乎忘记了天空的明亮和大地的壮美，将注意力转移到上帝的文字上，那些更能揭示人们内心的文字。

著名学者威廉·琼斯先生曾亲笔创作了一首对《圣经》的颂赞，就写在他的《圣经》的空白页上，并将它插进他的第八卷论文中，位置在亚洲社会研究部分之前。"只有《圣经》才包含着：

神性的起源，更真实的崇高，更精致的美丽，更纯洁的道德，更重要的历史，更精美的诗歌，更雄辩的口才，使其他作品相形见绌、甚至穿越时代、超过不同风格的作品。《圣经》的两大主要部分，形式迥异，风格不同，却在某种程度上同那些反映希腊、印度、波斯，甚至阿拉伯文明的作品紧密相连。没有人怀疑它的古老，而且在出版多年以后，仍可以灵活地应用到具体的事情上。这是信仰的牢固基础，它使人们深深相信那些真诚的预言，并给人以启迪。"

自然神论者和无神论者不约而同地研究自然的启示，声称要面见上帝，了解上帝。但是从这些资料中，他们得不到可以认同的真理，得不到在某种程度上打破内心邪恶力量的规则，得不到在艰难困苦的时刻向上帝的意志弯腰而带来的安慰，还得不到在面对房倒屋塌时必须保持和振作精神的希望。《圣经》就像广阔的、仔细耕种的花园，里面有大量的、不同品种的花朵和果实。但是，花园里不会有杂草丛生，甚至连一片草叶都没有，因为在这美丽的世界里，它们一点用处都没有。只有纯洁的内心才能看到一千种神的性格，一千个自己和周围的世界。

如果你不喜欢《圣经》，你将永远感受不到《圣经》带来的快乐。为了感受这种快乐，每天都读读《圣经》吧！很多人尝试阅读《圣经》，但都失败了。他们阅读的多是和以往形式不同的新版《圣经》，所以阅读时没有任何快乐而言。原因之一是，他们根本就没有每天阅读、学习《圣经》的习惯。如果你没有这样的习惯，试图预计、看到、感觉到其他人所称赞的《圣经》的杰出之处将是徒劳的。学习时，若三天打鱼两天晒网，你将永远感觉不到学习的快乐。

在伟大的洛克临死前不久，曾有人问及，年轻人怎样才能在最短的时间里，以最有把握的方式，完整广泛地获得有关基督教的知识。他的回答值得我们回味："让他去学习《圣经》吧，特别是《新约》，其中含有关于永生的描述。它以上帝为作者，以拯救世界为终结，以真理为主要议题，其中没有掺杂任何错误。"

我不仅诚挚地建议你每天仔细研读《圣经》，还要就阅读《圣经》的最好方法给出一些注意事项。

闲暇时，独自阅读《圣经》。

这样做的原因很明显。同和其他人一起阅读相比，你的注意力不容易分散和转移，你的思路不会被轻易打断或离题万里。你可以很从容地阅读，细心地品味，然后应用到个人的工作和生活中。很快，这就变成了一个令人愉快的习惯。你将不愿再消磨时间，而是独自一人饶有兴致地阅读《圣经》，就像和世界上最亲爱的朋友在一起一样。没有什么能像习惯性地阅读上帝的文字那样能培养和提高个人的品位和修养。

为了你日常阅读的应用性目的，最好使用《圣经》的一般翻译本。

为了学到准确、真实的东西，学生们自然要阅读原版的著作，并同批注者交流。但是，若要获得能给予我们启迪的一般性知识，培养内心的道德感，《圣经》的一般译本就很不错，甚至是其他版本无法超越的。获得这样的《圣经》知识和按顺序地阅读都非常重要。你的一部分时间应该用来进行有序阅读，用这种方法规律性地阅读《圣经》，应以自己能承受的速度为宜。其他的时间，或一天中的其他部分，你可以适当地读些绝对虔诚的作品，如《赞美诗》、《福音书》、《箴言书》。对于年轻人来说，怎样研究《箴言书》都不为过，怎样研究都不一定能完全知晓它，因为其中包含着数量惊人的可应用的智慧，就像那堆积如山的财宝。能自如地使用这些财宝的年轻人很可能将事情做得明智、得体。地球上很多谚语、格言都无法同所罗门关于价值的话语相媲美，可能没有任何一种价值的精髓不被包含其中。

带着谦卑、好学的心态阅读、学习《圣经》。

《圣经》总能给人以鼓舞的最有力明证是内在的，只有虔诚的人才能感觉到。这确实是不信教的人怎样都无法动摇的。谈到其他明证时，你会将所有疑虑抛到脑后，立刻向对方提出无法作答的反对意见和使人困惑的难题。你可以将那些难题堆起来，形成连绵不断的山峦。只有虔诚的人才会感到《圣经》来自于上帝，就像你愿意承认它来自天堂一样。此外，这里面有足够的证据将其他所有的疑虑永远的、彻底地打碎。如果你现在还做不到，那就留着以后做吧！但是，如果你没有谦卑的心态，你就无法从《圣经》中得到好处。小孩子可能会说，太阳和星星都绕着地球转动，这是他自己的推断。但是，孩子的推断并不能决定事实亦是如此。谦卑将教会我们坐在启示的脚下，聆听它的教诲，接受它的指引，而不是对它横加指责。尊敬书的作者，尊重《圣经》中的内容，关注我们自己长久的幸福，要求我们用一颗谦逊的心阅读。我们是无知的，因此需要引导；我们是蒙昧的，需要被知识照亮；我们因冲动和恶习而被贬损，所以我们需要提高。

第九章

生活的目标

当束缚思想的缰绳松弛，想象感觉不到限制，一天里头脑中闪过的美丽景象真多啊！大脑仅仅一天的作品就多么奇异，多么有趣，多么有指导作用啊！多少想象的快乐，多少快乐的城堡在眼前飘过。我的读者中有多少没有想象过比鲜花盛开的夏天更灿烂美丽的日子，比画家笔下的景色更真实完美的画卷，比历史上曾经有过的建筑更漂亮的房屋，比能授予的荣誉更高贵的荣耀，比欢乐的家庭更和睦的生活？你可能称这些梦想为想象，但是，它们对于学生们来说，再普通不过了。真正的基督教徒们都有他们自己的期望，那不是幻想的画卷，而是信仰发现的现实。当他们俯视时间的价值时，他们看到星星爬上天空，山峦不再高耸，峡谷反而上升，月亮载满了太阳的光辉，沙漠和干涸的地方涌出汩汩的泉水。大自然停了下来，毒蛇忘记了它的毒牙，狮子与羔羊相伴而眠，孩子的小手就放在老虎的鬃毛上。

当那涂炭生灵的战争和沾满鲜血的战袍被遗忘的时刻，整个世界都清晰了。这些炽热的构想可不是恶毒和卑鄙的作品。总有一天，它们会变成现实。邪恶和死神在地球上已经手挽手走过了漫长的路途，它们的脚印会长久地存在下去，就连能焚毁地球的末日火焰也不能将它们抹掉。但是，其中一个的头已经肿大，另外一个的毒针已经被摘掉。可能他们已经咆哮得太久，于是只能带着镣铐走路。信仰的眼睛看到了那握着铁链的手。

但是，我们仍然有着更乐观的想象。我们寻找新的天空和土地，思考并生活在正义之中。在那儿，邪恶再也无法破坏美丽，忧伤再也不能减少欢乐，焦虑再也不敢腐蚀心灵，或者，愁云再也不会爬上眉梢。

好人的这些希望是不是一种脆弱呢？我们是不是在不停地寻找灵魂安歇的地方呢？多年以前，一个年轻人爬上一艘捕鲸船的桅顶，坐在那儿思考。他是家里的独生子，他的母亲是个寡妇。他违背母亲的意愿，没有听从母亲的规劝，独自一个人离开了家。他祈祷着，潜然泪下。他在大海上徘徊，游荡了许多年，现在他正在回家的路上。他想着童年时的一幕幕情景，他的叛逆给他的母亲带来焦虑和担忧。他想象着当他再一次站在母亲的门前，他的家是否还像往常一样？树木、小溪、田野、池塘、果园，是否仍像他离开时那样？还有她的母亲，是否会敞开心扉接受他，还是正长睡不醒？她是否能认出那归来的游子，原谅他过去的不孝？她是否还给予他母亲的永不熄灭的爱？他会再一次有个家，不用在陌生人中穿行吗？这些想法给他带来的压力太大了。一想起自己未尽孝道，他就忍不住啜泣。艰难困苦不能击垮他的精神，也不能征服他骄傲的心，但是，他思乡的心，对安定的向往，对亲子之爱的渴望，再也不愿四处飘荡的想法，将他融化。这难道不是人类的本性吗？上帝什么时候才会拭去所有的泪水，带走他臣民的苦难，使他们感到救赎的高兴与快活呢？"我要走了，"伟大的胡克说，"离开一个纷繁芜杂的世界、一个秩序混乱的教堂，去到另一个世界和教堂，那里到处是天使，他们站在宝座前，就在上帝指定的位置。"

在这个世界上生活的人群中，有很大一部分没有完全理解人生的真正目的，或者，没有真正理解《圣经》的光辉。当你将人看作一个个体时，他们的目标看起来能令可鄙的虚弱满足，能败坏他们本来就低俗的品位和情欲，使他们听从自私的指挥，迷途不知往返。当你将人看作一个整体时，这样的得意和无边情欲的终点将是酝酿已久的庞大的野心，战争和杀戮，冲突和争斗，以及所有美德的消失和美好事物的毁灭。人类历史的每一页上都沾满了斑斑血迹，种族的历史也是如此。它的目标似乎是削弱他们自己的力量，使潜在的永恒的光辉沉落，一直沉到邪恶带来的堕落的最深处。有时，你会看到一队人马，足有五百万之多，跟随着首领浩浩荡荡地行进。他们的首领为了增加自己少得可怜的声誉不惜让他的士兵面临生命的危险，让他的国家失去和平。这一大群人集结、生活、前行、拼杀、死去，只是为了帮助那个尘埃中的可怜虫得到荣誉。

整个欧洲突然变得狂热，欧洲人潮水般地涌向圣地。他们以圣体的名义聚集。十字架在他们的旗帜上迎风飘舞，邪恶的死神日夜警惕。他们向东行进，用皑皑白骨将沙漠中的细沙覆盖。但是，所有这些人中，从那些尚武的狂徒，到最卑微的马夫，有多少人感受到了上苍那大爱无言的精神并受到激励呢？他们跟随着那个最初是士兵、后来是牧师和隐士的人，那个离开世界时仍然想着自己是先知的人，那个蛊惑人心的政客，他们付出了同样的生命和金钱，试图将那救赎者的精神传播到另外一个大陆，但却浪费了太多人的生命。假设这支军队是开化的，神圣的，他们的力量用于造福人类，为上帝增光，那我们今天的世界将是多么的不同啊！

拿出一段时间，看看贪欲做出的几种努力。大约四个世纪，人类的贪欲一直在掠夺非洲的财宝。它将哈姆的儿子和女儿变成奴隶，两千八百万非洲人被绑架，被带离他们生长的地方。通过法律有计划地剥夺活生生的人的人权，使他们向着野兽的层次走去。这只是贪婪发挥其作用的一种形式。假设同样的时间和金钱，同样的努力花费在非洲大陆，用来传播文明、学识和宗教艺术，现在应实现的好处该是多么多啊！

人是为战争而生的吗？造物主为他创造一双眼睛，是为了让他在战场上瞄准他人的吗？造物主赋予他技艺，是为了让他发明屠戮同类的方法吗？造物主在他的灵魂深处栽种了渴望，难道只有同伴的鲜血才能让它生长吗？天赋曾经坐在战神脚下，穷尽所能地捧上精心准备的礼物。人类的思维只有用在屠杀场上才会付出一心一意的努力。当特洛伊的战火照亮了历史的扉页时，人类的技艺是不是最活跃、最成功的时刻？史诗是不是也燃着了？看看那个人吧，那个不久前成为世界奇观的人，他在十二到十五年中，呼唤、率领、利用、浪费了几乎整个欧洲的所有的财富——人才。在他的召唤下，那么多的人被卷进战争！如果那些人不是被迫偏离人生最伟大、最美好的目标，他们本可以为世界的文学、科学、教育、和平创造更大的财富！

一位作家在谈论这一话题时说："为了解释清楚，我愿假设，野心、残忍、阴谋的组合使历史的书页沾有污点。多年来，全世界都惊叹于那些灿烂辉煌又罪恶昭彰的演员们的表演。为了彰显他们的罪恶，一些表现基督教善行的作品被呈现出来。同样辉煌，同样典型。亚历山大在波斯赢得的胜利本应该比在格拉尼卡斯和埃尔比勒还要大。他本应该在印度的国土上徘徊，像布坎南那样打扫出一个世界迎接救世主的统治，然后回到巴比伦，像马丁一样死去，成为基督教热情的牺牲品。恺撒本应该使高卢人和大不列颠人向宗教信仰臣服，带着他的由使徒构成的军队跨越卢比孔河，使罗马人成为上帝的自由民。他本应该成为保罗的先锋官。查理曼大帝本应该成为又一个路德。瑞典的查尔斯本应该是又一个霍华德，从波罗的海诸国飞到尤克森，就像执行爱的使命的天使那样落下，用他的善行计数他的时日，然后像雷诺兹那样暮年在仁爱中死去。伏尔泰本应该写一些基督教的小册子。卢梭本应该是又一个费内伦。休谟本应该解释宗教信仰中纷繁芜杂的问题，并像爱德华兹那样为曾经出现在圣徒心中的宗教信仰辩护。"

我们总是声称不曾感受到这个世界的快乐，于是寻求高尚的道德原则和仁爱、无私的行为就成为我们的目标。但是，在大多数民众的心中，这个原则是什么呢？当政治的世界里聚集了乌云，战争威胁着一个国家的时候，预兆是怎样出现的呢？有多少人转过头去哭泣，反对罪恶、灾难、不幸和战争的悲惨？大多数人认为，通过几场嗜杀的战斗获得的荣誉足够补偿其代价，道德、生命和幸福都可以为获得荣誉做出牺牲。这让国家为了想象中的荣誉而奔赴战场。看看他们聚集起来的人吧，一群又一群，站在炎炎烈日之下，焦急、迫切。他们等待着第一场战斗的消息，这关乎着国家的荣誉。没有哪些来自地球另一部分的消息能像一艘船击沉另一艘船那样能够带来快乐与激动。

《泽克西斯》（Xerxes）中记载的唯一明智的一件事是他看到自己军队时的想法：这如此众多的人中没有一个能活到一百岁。

著名的帕斯卡有一种想法，很值得研究，尤其适合那些认为生活是为了其他目标，却不知道生活的真正终点的人。"我们追求伟大的所有努力来自于被人前呼后拥的感觉或社交的欲望。这不利于我们看清我们自己。"可能有人感觉到了那些随之而来的影响，但是却几乎没有谁意识到这就是他们如此忙碌地浪费生命所追求的那些毫无价值的东西的原因。

每一位读过这几页文字的青年都期望变得有活力，有影响力，有某一值得追求的目标，并通过各种途径去追求这个目标。那个目标将是以下四个之中的一个：快乐，财富，人们的称赞，名副其实的仁慈。

我们不需要任何论据来强调或展示他自己是多么的无用。他做事时总是贬低自己，使他的动物本能欲望和激情成为他生活的目标，并感受其中的快乐。应该让他知道欲望永无止境，无法满足，但一旦完全控制它就不会再与他作对。它使他成为奴隶，带着堕落和悲哀，连奴隶的思考和期望的自由也没有。这样堕落的人连自己都鄙夷，他们很快就会变成真正的可怜虫。没有什么比放纵自己更能扼杀人的良心：思维能力被削弱，每一次思考的努力都被杀死，其他任何一种方法都没有这么容易。如果你想一下子将你的堕落钉死，永不再现，我能告诉你应该怎样做。你若只想培养自己的欲望，豪饮那偷来的甜美的河水，偷偷进食那不让食用的面包，那么，你就可以放心了，你已经选择了一条笔直的路，只是它一直通向毁灭。

对财富的追求使人堕落的程度就不会那么大了，但是，他们并不适合不朽的灵魂。你追求财富的每一步都在培养自己的自私：追求财富时，你的内心可能会崇拜你所获得的，认为今天的积累能供子孙后代享用，还能持续增长，于是你更加崇拜金钱。但是，在这儿，让我对学生们说：如果你让财富成为你的人生目标，那你就选择了一条错误的道路。我们的大地上不存在这样的事情，即通过学习你不能更容易、更快捷地获得财富。

但是，使你困扰的最大的诱惑是生活在野心的影响下，为了人们的称赞出卖自己的时间和努力，当然还有你自己。或许，人世间没有哪条小溪中流淌的水能像人嘴中流出的"泉水"那样甘甜。但是，你还不知道，危险正围在饮用这种"泉水"的人周围，弓箭手就埋伏在附近。追求赞赏似乎是非常危险的。有多少人开始自己的人生时带着高远的目标，几乎是无限的期待，不久之后他们便陷入沮丧和百无聊赖之中，因为他们发现了期望之山上还有一棵更高的树，它的果实更难采摘！但是，假设一个人已经很成功了，他的欲望也几乎被填满了。当你走到他的近前，你会发现一些在远处看不到的污点，那些第一眼看去时闪烁的光亮也隐藏了起来。这些污点受到注意，被吹捧、放大、增加，直到人们惊叹这样一个伟大的人居然生活在如此多的缺点之中。这些恼人的东西就像小狗一样整天跟在你的脚后面，半夜也不让你安宁。如果这些你还都能忍受，那么当你的缺点被公众揭露出来，闹得尽人皆知，你还能够生活吗。有多少人把别人的称赞看作是鼻孔里呼吸的空气，在他们的人生之晨，在他们朝向目标的路途上，因为迈错了步子而经历希望的破灭！但是，事实上，是哪一步走错了呢？指引前进的方向盘一下子被打碎了，但还有整体的计划，或许还有他们的心。但是，如果你仅为掌声而活，这还不是你面前最糟糕的事情。对任何事物的赞美根本就持续不了多久，它总是短寿的，保持一种荣誉和第一次获得荣誉同样困难。我们说些动听的话语，谈论精明的处事方法其实花不了多长时间。但要想保持住你多年辛劳换来的声望，却同你获得它一样艰难。如果那声望不继续上升或增加，它很快就会开始下降、衰败。你最好的行为一定要变得更好，你最大的努力一定要变得更大，不然，你将走向衰弱。不管怎么说，做你想做的事，并尽量做好。有个人写了一本书，那是他的第一次尝试，当时并没有任何预期。但书卖得很好，甚至有人喝彩。于是他又写了一本。现在，人们已经不用他以前的作品去衡量他了，而是用目前公众的观点来衡量他。公众对另外一位作者的接受可能就是对他的毁灭。如果你只为同胞的掌声而生活，那你当然必须付出这一切的代价。对野心的追求带来的是一系列嫉妒的忧虑、侵蚀心灵的恐惧和痛苦的失望。

那些为别人的好评而活着的人，周围还有其他恼人的和令人失望的事情相伴。在它们到来之前没有人知道它们是什么样子，但是一旦他们来到，就会令人极度的烦恼。那种追求名誉的欲望驱动着你，使你变得狂热，这种欲望还在不停地变化，变得越来越强烈。同你追求掌声和好评的欲望相称的是当掌声戛然而止时你深深的痛苦的耻辱。如果赞美使你高兴，让你兴奋，那么禁止对你的称赞会同比例的使你的精神堕落，摧毁你舒适的生活。这样，你就成了人们中间传来传去的一个球，他们想往哪里扔就往哪里扔，而且每个人都有这样的权力。如果愿意的话，每个人都能夺走你内心的平静，而且同付出的掌声相比，人们更容易受到诱惑而给予你责备。一个有野心却神情沮丧的人是悲惨的，不是因为他的损失很大，而是因为多年来他的想象已经使他的野心在他自己眼中看起来很伟大。我可以指出一个很有前途的人的坟墓给你看，他一生只为荣誉而活。映入他眼帘的第一个清晰的目标是要得到一个政府要职。为了这个目标，他夜以继日辛勤地工作。他在各个方面都很有才华。但是，在他即将成功的时候，他的一个最亲密的朋友感觉到这样的任命将会妨碍自己实现自己野心勃勃的计划，于是，他插手进来，阻止了该项提名。那个可怜的人回到家，心烦意乱，沮丧至极。那次选举的失败当然还不是最严重的后果，但他不停地考虑这件事，直到它在他眼中变成巨大的难以收拾的灾难。这次打击使他一蹶不振，几个月后，他走进了坟墓，成为挫折的牺牲品。这样的追求值得一个人以自己的生命作为代价吗？难道这就是人生的最高目标吗？

"不朽的灵魂在面对伟大的事物时，一定要永远地举起对凡人的称赞，或对上帝的赞美。"

你需要带着一种目的行事，一种能时刻给予你指导、任何时候不会离开你、还能吸引你整个灵魂的目的。只有一种目的有这样的特性，那就是获得上帝的认可，在衡量永恒和时间的天平上做事。

德摩斯梯尼是一个有野心的年轻人。人们认为他没有什么原则，但是他将自己的目光停留在名誉上，停留在只用口才就可以控制的大众的掌声上。他所注视的目标很高，而且他的目光从未离开过一刻。大自然摆在他面前的困难被战胜。为了寻找声望，他付出了自己的心灵、自己的灵魂。他爬上了一座小山，在那儿，几乎所有的一切都在下滑。他的崇拜者西塞罗告诉我们，他的面前总是有一个关于卓越的标准，广阔无垠，无法测量。我们经常谈论那些白手起家、受人尊敬、能建功立业的人。是什么使他们伟大？是什么使波拿巴成为地球上的一种恐怖？起码，他将自己的目光落在统治欧洲上，他向那个目标跑去。如果没有天堂里万能的力量使那强壮的人受到拖累，他就有可能实现他的目标。他使自己成为自己的偶像，并一定要让整个世界向他臣服。

每个人的心中都有一个目标，这个目标和他的本性相一致。你是否怀疑自己拥有上帝所赋予你的力量，并使用这力量将上帝的光辉变成你人生中的北极星？你是否会为它而生活并实现它？你是否会在行事时上升到一个较高的层次，从而变得强壮？你是否会在个人的信仰方面变得高远、明亮，并将上帝的形象和铭文深深刻在你的心上？

"我应该让自己的心去追寻世界上的财富和宝藏吗？"不，死神将很快降临，紧紧地抓住你，紧得让你不得不放弃你的财富。你面对眼前的财富深深叹息，很快你就得闭上眼睛，再也看不到那被称为财宝的东西了。记住：一夜暴富的人绝不是清清白白的。你可曾想过，你赚取多少财富才会使自己满足？你那短短的生命的时光，会令那带着无止境的欲望的灵魂欢呼吗？答案是否定的。

问问理智："我应该一心只想着荣誉吗？我应该寻求其他人的关注吗？让他们关注我所做出的这样或那样的努力吗？"你的辛苦努力换来的报酬将少得可怜！如果你成功地吸引了人们的眼球，他们将嫉妒你；如果你没有吸引他们，你将痛苦、失望。时间的海滩上没有一座房子能经得起海浪的冲刷而永远挺立，在这儿，没有一条路上不留下失望的足迹，没有一处圣殿不被悲伤侵扰。世间确实有一处为灵魂提供的家，只有遵循上帝的指引才能找到它。

再同你的良心商讨一下。它认为什么才是生活的伟大目标呢？听听它那发自你内心的声音吧！它告诉你，世界上只有一条纯洁的溪流，从上帝的宝座下流过，只有一个目标是高贵的，配得上永恒的精神，那就是得到上帝的关爱。这样，灵魂就能张开它的翅膀，就连在坟墓上方飞翔时也不会感到恐惧、沮丧，也不会受到谴责。在人世间走过时，只有一条路是安全的、明亮的、光荣的，那就是耶稣基督用他的文字标示出的路，一直通向辉煌。你若受到诱惑浪费一天或一小时，或者犯下任何一种罪过，忽视了任何一种职责，让良心站出来说话吧，它将用所有永恒的高尚、神圣的动机催促你为上帝而生活，在你所做的事情中寻找到他的高尚品德。

我们很自然地喜欢让我们的灵魂充实的事物。我们盯着那永恒的高山之巅，它巍峨、雄壮钦佩充满了我们的灵魂，于是我们感到快乐；我们注视大海，看那波涛翻滚，听那嘶哑的声音，回应着笼罩海面的暴风雨的幽灵，于是，我们感到敬畏，一种庄严的情感在心中油然而生。欲望也是如此。心中充满一种伟大的、高贵的目的时，我们会感到一种不可言状的愉快。那种目的能合情合理地吸引心中的所有情感，点燃灵魂中的每一个渴望。谁曾经建立起过完美的、能满足灵魂所有欲望的房子？当财富和名望成为所追求的全部目标时，谁曾经拥有过足够的财富和名望呢？在这里的庆贺又曾使谁熄灭了欲望的火焰？谁曾经让世俗的目标占据整个内心，在追求目标的过程中，片刻不得安宁？但当上帝的光辉充满了灵魂，目光落在人生的伟大目标上时就不是这样了。你的灵魂离它渴望的目标越来越近时，你将感觉不到羡慕、嫉妒、沮丧。拥有欲使人期望更多，于是欲望不断增长，由此看来，罪恶和天赋之间没有任何关系。

谁能不或多或少地感觉到邪恶的负担呢？让上帝成为你生活的目标吧，然后你就不会像现在这样糟蹋自己的生活了。当灵魂一定要将某些东西强加于现在的满足感时，生活的言语总因忧虑而哽咽，被野心关在门外，受到嘲笑。当你的心中盛装着这个世界，并为由此带来的奖赏而生活的时候，你的情绪就能够完全掌握你，程度超过任何时候。在一天结束的时候，你是否为这一天中的败笔而扼腕痛惜？试图祈祷时，你是否为自己那冷酷无情、充满恐惧的内心而感到惋惜？你是否为你和生活的阳光之间那滚滚而来的乌云感到悲哀？让你的内心充满美好，将邪恶拒之门外吧！

你需要一种原则，引导你走向幸福。你的理智和良心可能会决定你应该为了同类的福祉而生活。你需要一种原则，使你活到老，学到老。你的生命短暂，一生中的时日有限。每一次太阳升起和落下，就会有许许多多的人走向死亡。很快就会轮到你。你需要一个原则在你心中长久的存在，使你有责任感，积极、勤勉、克己，能够扩大自己的影响，使你的性格更加刚强，你的生活充满希望。

出于各种理由，你希望看到自己努力的结果，但是，在你策划的所有事情中，你却不能实现所有计划。你可能下定决心要变得富有，但死的时候却仍然是个穷鬼。你可能向往优秀与卓越，却一直没有得到。你可能为快乐而叹息，但是，盛装快乐的每一个杯子都可能被打碎，每一个希望都可能离你而去。你身边的一切都可能抛弃你，躲避你的控制。如果你与上帝一起生活，情况就不一样了。你可以在天堂贮存财富，一天天积累，而且这些财富永远都不会背叛你。这样，当你最后来到先知和使徒家中，看到正直的人的精神完美无缺时，你将会更清晰地看到以上帝的荣誉为目标的生活的结果。然后，你所供养的穷人，你所探望的病患，你所庇护的陌生人，你所宽慰的苦命人，都会聚集在你周围，欢呼着称你为他们的恩人。

你应该按照良心认可的那些原则行事，不管什么时候、什么情况都应如此。你是否知道，在一天结束的时候，坐下沉思，让某些东西关注着你的灵魂，让一片云彩停留在你和那慈悲的宝座之间，会是什么样子？你是否知道，当夜晚时分，你躺下回顾逝去的那一天，甚至几天，还找不到记忆中可圈可点的快乐和欢愉，将是什么样子？你是否知道，当钟声敲打着驱走夜晚时，你头枕枕头，感受着良心的惩罚，内心阵阵痛楚，会是什么样子？你之所以考虑这些是因为你的良心在坚守岗位并对灵魂负责。你难道不是这样时不时地同自己的内心交流吗？但是，如果你内心平静、与世无争，那即使你处在最艰难的时刻，你的良心仍能抚慰你，使你感到舒适，给你的灵魂带来希望。没有哪个朋友能提供平静的存放良心的空间。人们愿意付出他们的财产和时间进行苦修，甚至付出生命的代价使良心得到抚慰。路德的名字永远不会消失，马丁、凯里、布雷纳德、佩森的名字也不会。成千上万邪恶的人活着时拥有同样的或更多的影响力，死后却被人们永远地遗忘。如果得到了所有朋友的称赞和许可，谁会不受到鼓舞呢？但是，你能得到比这好得多的东西。你能得到所有被救赎者，天堂中所有的天使，永恒的上帝的赞许。这是永远的，而不是短短的一个小时、一天、一周或一年！你会将他看成是你的父亲，你的朋友，他的身上永远散发着天国的荣光。你的头脑中是否存有疑虑，现在智慧应带你走向哪里？"我对于该宗教话题的第一个信念是通过观察证实的，观察的具体对象是虔诚信教的人，他们拥有纯粹的幸福，我觉得这是世俗的空虚所无法给予的。我永远也不会忘记那一幕，我站在床前，望着病重的母亲，问：'你不怕死吗？''不。''不！你为什么一点都不关心另一个世界的变化无常？''因为上帝已经跟我说过，不用怕。当你趟过那断魂河水时，我将在你左右；当你走过那河流的时候，河水不会将你淹没！'"

可能每次当思维看起来筋疲力尽时，你都自告奋勇地帮助缓和事态，这样一个几英里长的伤疤可能会变小、消失。于是，时间与空间的概念被打破，以至于一个横跨大洲的旅行只需要短短的一个星期，就像一次愉快的远足。大自然似乎向苦难屈服，风雨、潮汐、高山、峡谷根本就不想被看作是人类前行途中的障碍。你每次冒险做那些你认为是很值得的事情时，是你的朋友给你鼓劲，举起你那垂落的双手，鼓舞你那下降的士气，分担你的重负，为你的成功欣喜。一些人，包括强壮的人，因为吝惜虔诚而倒下了，但那就是上帝的计划，取消这个或那个媒介并不意味着能够延迟他的伟大计划。在福音书强烈的、纯净的、能净化一切的光辉下，你受到召唤过自己的生活，做自己应该做的事情。

如果你为上帝而生活，就应该完成你面前崇高的神意，让成千上万的人围着你为你加油，鼓励你前行，甚至与你击掌，然后你一直向前走去，就像是慈爱的媒介，目标是将许多虔诚的人们带往天国的荣光。在你的头顶，有那些虔诚的人们，关注着你前行的步伐。在那儿，在那所有的天使和一切权力的上空，端坐着那永恒的救世主。如果你对他忠诚，他手中的王冠将很快就属于你。你所征服的每一种罪恶都会给予你新的力量；你所抵制的每一个诱惑都将使你在上帝那儿越来越自由；你所流下的每一滴眼泪都将受到你的伟大领袖的关注，他死在十字架上，为的就是救赎你的灵魂；你的每一声叹息都将传进他的耳朵里。继续前行吧，我亲爱的青年朋友们！世界的状况就是这样，它很大程度上取决于人们的行为，好像周围的一切在对每一个人大声地说："去做些事情。""做事情！""做事情啊！"为了圣灵的影响而诚挚地祈祷吧！让你的心灵为此孜孜不倦的努力吧！远离每一种罪恶吧！为所犯的错误忏悔吧！注视着，祈祷着，为上帝而生活吧！经由他的慈悲，给你的报偿将是"眼睛看不到的，耳朵听不到的，甚至不曾进入人的内心并孕育生长的"。